最新 日本の対テロ特殊部隊

菊池雅之
柿谷哲也 著

SAT
SIT
SST
P-REX
DMAT
特別警備隊
銃器対策部隊

アリアドネ企画

まえがき

9・11ニューヨーク同時多発テロに端を発し、アメリカはテロとの戦いへと突入しました。2001年から始まったこの新しい戦争の終わりはまだ見えていません。日本もインド洋で活動中の米艦艇への給油など後方支援活動を続けています。まさに今、アメリカと共に歩んでいこうと決めた国はすべてテロの標的となっていると言ってもいいでしょう。

残念ながら、テロは毎日のように世界のどこかで繰り広げられています。今皆さんがこうしてこの本をお手にとられている今、世界では深い悲しみと新しい憎悪が生まれているのです。

テロと戦うために、世界中の多くの国々で特殊部隊が誕生しています。20世紀までの戦争は国と国が争うものでした。これに対してテロとの戦いは不正規戦とも呼ばれます。戦争にも国際的に定められたルールが存在します。それらに従わずに、多くの一般市民を標的とするために不正規な戦いとされているのです。この不正規戦を戦い抜くためには、特殊部隊のような既存の部隊とは異なる編成・装備・戦術を持つ部隊が必要不可欠となりました。

特殊部隊は大きく分けて2つに分類されます。それは『軍事系』特殊部隊と『治安系』特殊部隊です。『軍事系』特殊部隊とは米グリーンベレーに代表される軍隊という組織の中の特殊部隊です。『治安系』特殊部隊とは、警察やコーストガード、国境警備隊や税関など国内の治安を維持する部隊が持つ特殊部隊です。

日本でも警察庁のＳＡＴや海上保安庁のＳＳＴなどいくつかの特殊部隊を創設し、テロと戦うための準備を進めています。平成20年には北海道洞爺湖(とうやこ)サミットが行なわれ、特にこの年は日本のテロ対策の転機ともいえる機会を迎えました。治安系特殊部隊だけでなく、諸部隊の装備も拡充されていきました。また最近になり自然災害やテロ災害などから一人でも多くの命を救うために、医師たちによる特別チームＤＭＡＴも登場しました。高度な救助技術を持つ消防によるハイパーレスキューという部隊の創設も全国に広がろうとしています。

この本では、こうした〝特殊〟なミッションを行なう部隊をまとめております。日本人とテロは決して遠いものではありません。95年には日本でオウム真理教による地下鉄サリン事件が発生し、未曾有の被害を及ぼしました。歴史をさかのぼれば70年代にも数多くの爆弾テロを経験し、あさま山荘事件のような銃器を使った大規模な人質立籠(こも)り事件も経験しています。テロは「対岸の火事」と思われがちですが、決してそんなことはないのです。

この本をお読み頂けることで、日本のテロ対策の現状を読者の皆様にお伝えできれば本望です。

我々の安全な生活を支えるため、昼夜を分かたず訓練や警備活動を行なう特殊部隊。こうして特殊部隊が世に出てきているということは、彼らの存在なしに、もはや治安は維持できないという危険な時代に我々は生きているということにもなるのです。

菊池　雅之

最新 日本の対テロ特殊部隊

CONTENT

写真撮影 菊池雅之 柿谷哲也（各担当章別）

カット 高原直幹　カバー写真 菊池雅之

第1章
SAT & SIT

菊池雅之

静岡県警 SRP による訓練の様子。

●お茶の間に登場した警察特殊部隊

２００７年は、警察特殊部隊が突如として日本中の注目を集める事になった。

その端緒となったのは4月20日に発生した『町田市発砲立籠り事件』だった。

相模原市のコンビニエンスストアで、殺人事件を起こした暴力団員が自宅に拳銃をとって立籠った。目撃者の証言により、車のナンバーから所轄署が男の住所を割り出し、自宅に向かうと、家の前に同じ車両を発見。そこで警察官らは自宅へと向かう、その途中、なんと男はパトカーに向けて11発を発砲してきた。ここから事件解決まで約15時間にも及ぶ立籠り事件となった。

この事件を解決するため、警視庁は捜査一課特殊犯係を投入した。このチームはＳＩＴ(Special Investigation Team) と呼ばれる〝刑事〟たちによる特殊部隊だ。詳細は後述するが、誘拐事件や人質籠城事件などの特殊犯罪に挑む組織である。犯人の捜査から、交渉、そして突入を含む制圧・検挙までを行なう。女優米倉涼子主演でドラマ化もされ、それ以外にも映画や漫画、シミュレーション小説などとにかく題材として描かれることが多く、国民にはお馴染みの部隊とも言えるかもしれない。

その反面本物のＳＩＴはほとんど人前に姿を現すことはない。彼らは背面に緑色で〝ＳＩＴ〟と書かれた防弾チョッキを着て、犯人の自宅周りを取り囲んでいた。その映像がこれでもかとお茶の間に流されたので、ほとんどの国民が〝本物〟の〝ＳＩＴ〟を知る結果となった。

これまでもＳＩＴは数々の事件に出動しているのだが、これほどまで鮮明にその姿が映し出

「町田市発砲立籠り事件」において、犯人の住居付近に展開潜伏中のSIT。

されることはなかった。そうした結果、身に着けている装備から使用している銃器に至るまでもが明らかになったのは今回が初めてだった。

それから約1ヵ月後の5月18日、今度は愛知県長久手町にて拳銃立籠り事件が発生した。事件の発端は5月17日午後3時45分頃、容疑者宅から「父親が拳銃を持って暴れている」との110番通報が家族よりもたらされたことによる。

この通報を受けて、長久手交番の警察官が現場に駆けつけたが、これに対して犯人はなんと発砲してきた。運悪くその1発が警察官に命中してしまった。警察官はそのまま犯人の玄関前に倒れ、時折腕を上空に振るなどして救助を求めるのが精一杯で逃げることは出来なくなっていた。

愛知県警はSITを投入し、犯人と交渉を開始。しかし犯人はいっさい応じず、SITのネゴシエーターによる「まずは撃たれた警官だけでも収容したい」との申し出にも、「近づいたら容赦なく発砲する」と強硬な態度を示した。

しかも〝銃弾を100発近く持つ〟という情報もあったため、県警は動く事が出来なかったのだ。その結果、撃たれた警察官は6時間も容疑者玄関前で倒れたままの状態となった。

膠着状態が続く中、とうとう撃たれた警察官からの応答がなくなった。そこで愛知県警はSITとともに、ついに愛知県警のSATを投入し、巡査部長を救出する事を決意。

ここで登場したSAT（Special Assault Team）とは、警察庁の中でも秘密のベールに包まれている特殊部隊だ。未だ部隊に関するほとんどの情報は明らかにされていない。

SITとは異なり、犯罪者というよりも、高度な政治的意識を持って破壊活動を行なうようなテロリストと戦うために整備された部隊と言われていた。SITが『各自治体の特殊部隊』と呼ぶならば、SATは『国家の特殊部隊』の〝ハズ〟であったが、なぜかこの事件にSATが投入される。

21時20分頃、いよいよ救出作戦は開始された。SIT隊員が装甲車の陰から飛び出し、撃たれた警官に取り付く。その時、犯人宅で飼われていた犬が吠え、それを耳にした犯人が闇雲に発砲。

その銃弾がバックアップに当たっていたSAT隊員の警部（2階級特進）に命中してしまった。警部は救急車で名古屋市内の病院に運ばれたが、18日午前0時14分死亡が確認された。

かつてSATはいくつかの事案に出動した実績はあったものの、警察庁や警視庁、各県警は公表してこなかった。それがなんと今回は早々と愛知県警SATが出動した事が発表された。

愛知県警SATの設立時期は正式には公表されていない。しかし部隊の整備はセントレアの

犯人の住む建物の前にある公園に集まる捜査員ら。中央にSIT隊員の姿も。

開港、そして愛知万博で進んだと言われており、部隊としては比較的若い部隊だ。今回愛知県警ＳＡＴ部隊の姿がこれほど人の目に触れたのは初めての事だ。

警察庁としてＳＡＴから殉職者を出したのも今回が初めての事だった。後の調査で、防弾チョッキの肩の部分のマジックテープの隙間から弾丸が入り、左鎖骨から心臓に達した事が判明した。実に不運としか言いようがない。

こうして２００７年は、ＳＩＴとＳＡＴという２つの警察特殊部隊が警察の望まぬ形で公開されることになった。

マスコミはこの事件により警察特殊部隊を頻繁に取り上げるようになった。今までは軍事専門誌が取り扱うレベルであったのだが、ＴＶや新聞などもこぞって特集を組んだ。

しかし残念なことに、「警察特殊部隊は使えない」というネガティブなものがほとんどであった。やはり暴力団を引退した中年男性ごときに殉職者を出したことが「特殊部隊としてどうなのか？」とのレッテルを貼られる要因となったのは間違いないようだ。

特にＳＡＴは身を隠す事で存在を神格化してしまったので、評価は一気にガタ落ちした。これは愛知県警だけの問題に留まらず、警察庁にとってかなりの痛手だったようだ。

警察庁は問題を調査する上で、ＳＩＴとＳＡＴの連携が取れていなかったことを問題視した。我々からすれば、「二つのチームとも同じ警察の仲間ではないか」と不思議に思うところだが、警察の認識はＳＡＴもＳＩＴも〝別組織〟なのである。というのもＳＩＴが刑事部の所属であり、ＳＡＴは警備部の所属となっているところが大きいようだ。セクションが変われば、縄張り意識の強い警察はすぐに大きな壁を作ってしまうのだ。

今回の救出作戦についても、ＳＩＴが主導的立場をとっていたため、ＳＡＴには詳細が伝えられていなかったと察することが出来る。下手をすれば、この時のＳＡＴは、ただ〝傍観〟することしか出来なかったのではないだろうか。

まるで映画「踊る大捜査線」でのワンシーンのようだが、これが事実なのだ。ＳＩＴは自分達は突入のプロであり、今までも数々の難事件を解決してきたという自負がある。「ＳＡＴなんかに出る幕はない。俺たちだけで充分だ」という認識があったとも言われている。刑事部の捜査本部にも入ることが許されなかったとの話もある。ＳＡＴもＳＩＴを立てねばならぬ立場でもあるため、〝でしゃばる〟事が出来なかったのだろう。

実は町田での立籠り事件の時にもＳＡＴは出動していた。しかし現場ではなく、離れた大通りにＳＡＴ用車両がパトカーなどと共に路上駐車していたのだ。もしＳＩＴと共に行動を起こすのであれば、男の住居近くに出向いてもいいようなもの。ＳＩＴでは解決できなかった〝万が一〟の時に出動するという体勢だったのだろう。この〝万が一〟とは、警察官が殉職した時なのか、もしくは民間人を巻き込む結果となった場合なのだろうか。

そこで警察庁はＳＳＳ（ＳＡＴサポートスタッフ）という新しいチームを創設する事を発表した。この部隊は、ＳＩＴとＳＡＴの連携を強化するだけでなく、各都道府県警察本部長と警察庁警備局のパイプともなるという。けっきょく縦社会を崩さずに、横のつながりを作る部隊を創設した事になるのだが、このＳＳＳも現状のままでしっかり機能するのかだ。

一番早いのはＳＡＴを警察庁直轄（ちょっかつ）部隊とし、重大事件が発生した場合は、もう国（警察庁）が指揮を執（と）ってしまえばいいのではないだろうかとも思うが、警察庁ではそのような話はいっさい出ていない。ＳＡＴについて議論する以前の問題でもあると、ある警察関係者は話してくれた。

「そもそもＳＡＴは部内でも秘密のベールに包まれており、誰もその実力を知らないことにも問題があるようです。お互いを知らなきゃ、どう使ったらいいのかなんて分かりませんよ」と…。ＳＡＴについては同じ警察官といえども、国民が知っている範囲内のことしか知らないというのが実状のようだ。

一・SAT

●特殊部隊創設の道のり

SATは日本初の対テロ対策部隊として創設された。創設の契機とされたのが1977年に発生した〝ダッカ事件〟だ。

パリを離陸した羽田行きのJAL472便が日本赤軍5名によりハイジャックされた。そしてバングラディシュのダッカ空港に強行着陸。そこで身代金の要求と拘留中の日本赤軍のメンバーの釈放を要求。これに対して日本政府は対抗手段を持っていないこともあり、なんと身代金を支払う事を了承。また日本赤軍メンバー1人を含む3名の活動家にパスポートまで与えてダッカへと輸送するという、テロに屈した残念な結果となった。

この時の反省を踏まえて、ハイジャック事案や立籠り事案などに対処するために特殊部隊を創る事になった。

まず最初は警視庁と大阪府警に警察特殊部隊が誕生する。設立時期はいずれも不明で、その時はまだ部隊名はSATではなかった。警視庁はSATの前身となる特科中隊、通称SAP(Special Armed Police)を第6機動隊内に創設した。大阪府警は、第2機動隊内に0(零)中隊として創設した。

1978年頃にはこれら部隊の準備は進んでいたのだが、警察庁が正式に特殊部隊SATを編成している事を公表したのが1995年5月と最近のこと。それまではいわゆる〝公然の秘密〟として警察庁はダンマリを決めていた。

１９９６年には、北海道警、千葉県警、神奈川県警、愛知県警、福岡県警の7警察本部にも設立された。そして２００５年9月6日には、8個目のＳＡＴが沖縄県警に誕生した。これにより8都道府県にＳＡＴが存在する事になる。

ＳＡＴ（その前身となったＳＡＰ）が出動した主な事案は、「三菱銀行北畠支店占拠事件（１９７９年）」、「西鉄高速バス乗っ取り事件（２０００年）」、「函館空港全日空機ハイジャック事件（１９９５年）」の3件だ。いずれも政治的背景を持たない市民の暴発により発生した事案であるが、いずれも通常の警察力では対処不可能な凶悪犯罪であったため、ＳＡＴが投入される事になった。これにもう一つ今回の「愛知立籠り事件」が加わる。

●ＳＡＴの編成

前述の通り、ＳＡＴは8都道府県に編成されている事以外は明らかになっていない。ただ全国で11個班あるという話で、警視庁に3個班、大阪府警には2個班、他警察本部には1個班が編成されていると言われている。

警視庁では第6機動隊から独立し警備部警備一課直轄部隊となった。大阪府警でも第2機動隊から独立し、現在は警備部警備課直轄となっている。その他の警察本部のＳＡＴは機動隊内に置かれている。

指揮官は警視が担当する。警視庁では警備一課長、他警察本部では警備課長などが当たっていると思われる。

ＳＡＴ隊長指揮の下、指揮班、制圧班、狙撃支援班、技術支援班という班編成となっており、各班長は警部・警部補が務めている。１個班にはおよそ20名の隊員がおり、各班に振り分けられている。

ＳＡＴ隊員になるには、まずは機動隊に配属される事からはじまる。そこで選抜試験を受け、合格した者がＳＡＴの一員になる。選抜基準は明らかになっていないが、30歳未満の巡査・巡査部長という年齢制限はあるようだ。

また眼鏡の使用は禁じられているので、視力が良い者に限られている。もし年齢を超えてしまったり、任期中に体力的・精神的に衰えた場合は、機動隊内の銃器対策部隊への移動という道もある。

●公開されたＳＡＴ

２００７年７月５日、警察庁はなんと警視庁ＳＡＴの公開に踏み切った。これも愛知県警ＳＡＴ隊員殉職の件を受けて、一度しっかりと報道に見せておいた方が、加熱するマスコミの報道合戦を沈静化出来ると考えたのだろう。

取材ができたのは警視庁記者クラブのみという限定ではあったが、偉大なる第一歩だった。

そこでは２日間にかけて、ＳＡＴの各種訓練が公開された。その場所となったのが夢の島公園と都内某所（詳細は非公開とした）。映像からは練度の高さがうかがえるものであった。合

警視庁組織図　—SAT/SITの位置付—

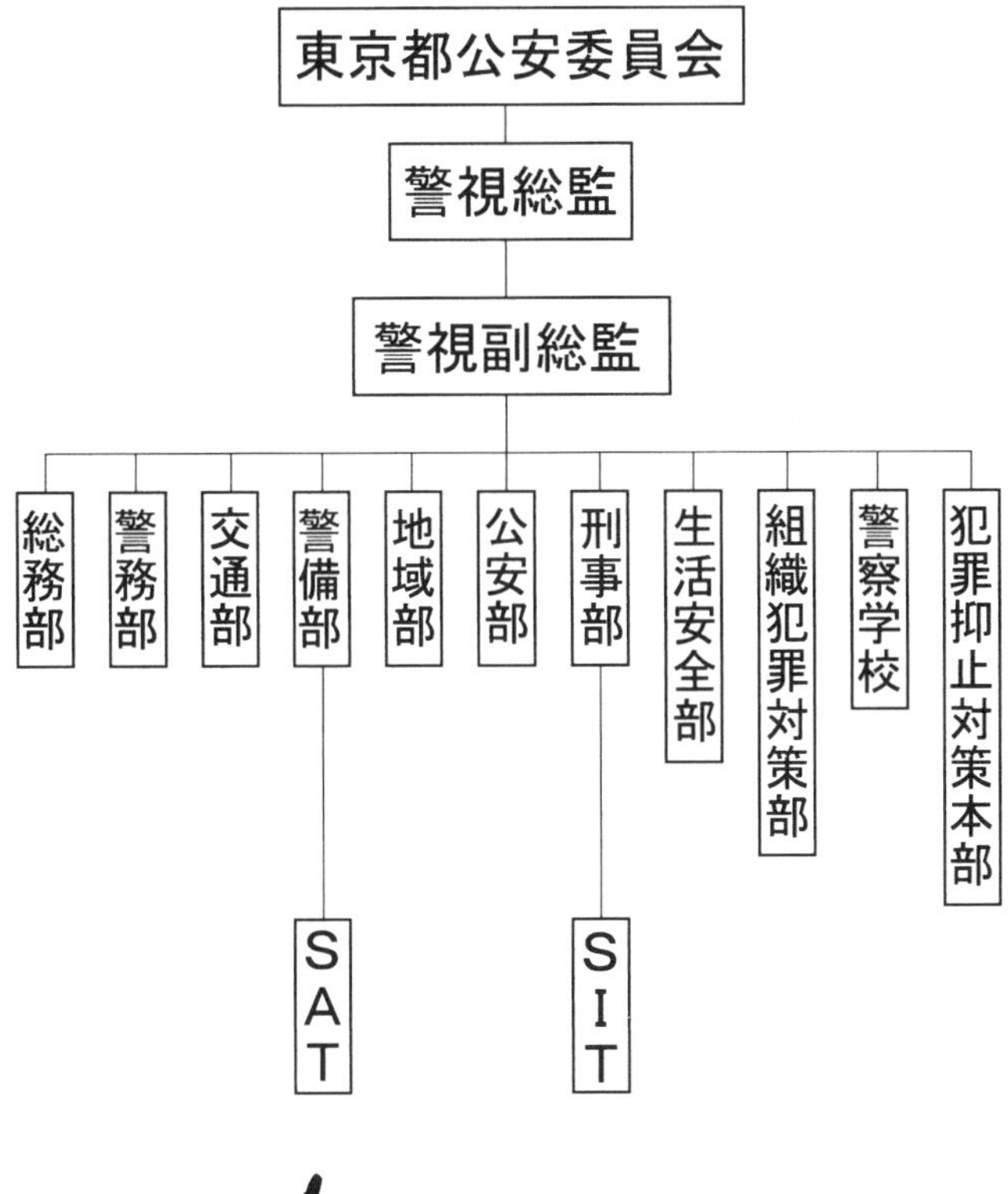

わせて使用している武器についての詳細も判明した。

まずメインウェポンはドイツのＨ＆Ｋ社のＭＰ－５Ｆサブマシンガンだ。これは２００２年のサッカーＷ杯の前に警視庁が公開したＳＡＴの映像でも使用されていたものだ。長久手事件では愛知県警ＳＡＴはＭＰ－５のシリーズの一つであるＰＤＷを使用している事が確認済み。

その他89式小銃やＭ４小銃なども使っているという噂があるが、こちらは確認はとれていない。警視庁ＳＡＴの拳銃はＨ＆Ｋ社のＵＳＰであった。

その他の拳銃は、北海道警のＳＡＴが一般の機動隊員と同じくＭ３９１３を使用している事も目撃されている。噂ではＳＩＧ Ｐ２２６を使用しているという説もある。またＳＩＴが使用するベレッタＭ92Ｆバーティックも採用しているとも言われているが、こちらも定かではない。狙撃銃は豊和工業のＭ１５５０を使用している事も今回の訓練公開で判明した。

ハイジャック対策訓練を行なう警視庁SAT（警察庁の広報ビデオより）。

MP－5の実弾射撃を行なう警視庁SAT（警察庁の広報ビデオより）。

二・SIT

●〝刑事〟で編成される特殊部隊

SIT（Special Investigation Team）は各都道府県警察本部の刑事部に所属する特殊犯に対応する〝特殊部隊〟だ。漢字での表記は、「特殊犯捜査係」もしくは「特殊捜査班」「特殊班」などと各警察本部により異なる名称で呼ばれている。

刑事部の中には、殺人や誘拐、ハイジャックなどの凶悪犯に立ち向かう「捜査一課」というセクションがある。サスペンスドラマではお馴染みのセクションなので、その名を聞いた事がある人は多いだろう。

殺人事件が起これば捜査一課はまず事件を担当する警察署（所轄）へと出向き、「合同捜査本部」や「特別捜査本部」を開設。所轄の刑事と協力して今後の捜査方法を検討する。

余談だが、よくテレビドラマでは、所轄刑事と捜査一課刑事の確執（かくしつ）が描かれる事が多いが、警視庁の捜査一課の刑事に話を聞くと、「我々はあんなに威圧的ではありませんよ（笑）」とのことだが…。

ここで殺人事件が発生したと仮定してみよう。捜査一課と所轄により捜査を進めていくと、遂に犯人の居場所を突き止める事に成功。すぐに捜査員を現地へ送り、逮捕間近という段階になるものの、捜査員に気がついた犯人が、なんと通行人を人質に自宅に立籠るという展開になってしまった。

ここで登場するのが捜査一課の中に編成されているＳＩＴである。警察本部によっては同じく刑事部内にある初動捜査を専門とする機動捜査隊の中にＳＩＴが編成されている場合もある。

ＳＩＴの仕事は無事人質を解放し、犯人を検挙すること。そのため防弾チョッキを着て、サブマシンガンや大型の拳銃を携行するなど重武装をしているのが特徴だ。

●警視庁ＳＩＴ

ＳＩＴはほとんどの警察本部に編成されているが、公表していないところが多いため、個々の詳細はまだまだ分からぬことばかりだ。そこで警視庁ＳＩＴについて町田事件で判明した事を取り上げていこう。

彼らの着用している黒いアサルトスーツの左腕には大きなパッチが張られている。緑色の半円のそのパッチには、金色の文字で Special Investigation Team と書かれてある。文字の下には金色で縁取られ、中はエンジ色で塗られた円がある。その円には〝Ｓ１Ｓ〟と大きく書かれている。これは Sousa 1 Select の略だ。自分達が捜査一課の中でも選ばれた人材であると自負している表れなのだろう。

警視庁ＳＩＴの歴史は古く、日本で最初に新編された。部隊創設の裏には１９６３年３月31日に東京都台東区で発生した『吉展ちゃん誘拐殺人事件』が大きく関わる。

当時4歳だった村越吉展ちゃんが誘拐され、殺害されると言う悲劇的な幕切れとなった事件だ。この時、捜査一課の失敗がいくつか露呈した。

まず犯人が身代金要求の電話をかけて来た時、4分にもわたる会話がなされたのに犯人とのいっさいのネゴシエーションが出来なかった。またこれは法律的な問題なのだが、当時は逆探知も許されていなかったため、警察側から犯人のいる場所を特定することは不可能だった。

そこで犯人と接触することが出来る唯一のチャンスである身代金の受け渡しの場に期待がかかるが、捜査員が幾重にも張り込んでいたにも関わらず、犯人はなんと身代金を受け取る事に成功してしまったのだ。

さらに奪われた紙幣の番号を書き残す事を忘れており、もはやその紙幣が日本のどこかで使われたとしても、警察には知る術がなかった。

こうした結果、犯人逮捕までにおよそ2年の歳月を必要とした。最後は〝落としの八兵衛〟こと、捜査一課の敏腕刑事、平塚八兵衛により犯人・小原保が犯行を自供。このエピソードは小説化や映画化されているので、興味のある方は参照してほしい。

この教訓から捜査一課に特殊犯捜査係（4個の係が置かれた）が置かれた。凶悪犯の捜査から交渉、説得、そして検挙、場合によっては強行突入までを行なう特別チームの誕生だ。そのチーム名をSousa Ikka Tokusyuhanからそれぞれの頭文字をとってＳＩＴと呼んだ。

実はＳＩＴの語源には諸説あったが、ゴールデンウィークに京橋にある警察博物館で行なわれた「東京の治安最前線展」において、この説が正しかった事が判明した。Special

Investigation Team という英語名は後から付けられたものだそうだ。

●ＳＩＴの実力

ＳＩＴは専任の管理官（警視）の元、４つの係で編成されている。各係長は警部が就いている。１個係にはおよそ10名程度の人員がいるものと思われる。第一係と第二係は立籠り事件や誘拐事件に対応しているため、マスコミ露出が多い。

警視庁ＳＩＴだけでも過去「町田市民家立籠り事件」（１９９２年）や「大田区幼児人質立籠り事件」（１９９５年）、「東京証券取引所立籠り事件」（１９９８年）、「宇都宮立籠り事件」（２００４年）などに出動し、今回の町田事件のようにテレビカメラの前に姿を現している。

ＳＩＴにはネゴシエーター（交渉人）がおり、町田事件においても、防弾処理のされた特殊車両（三菱チャレンジャー）で「お前と話がしたい。電話に出てくれ」と拡声器で呼びかけていたＳＩＴ隊員がいた。また犯人が女性というケースもあるため、ＳＩＴには女性隊員もいる。その他、車両による犯人の追跡や電話の傍受や盗聴などの特殊技術を持った隊員もいる。

ＳＡＴは強行制圧を任務としているため、屈強な男たちというイメージが強いが、ＳＩＴはどうやらそれとは異なるようだ。

実際、町田事件には長髪の隊員も複数目撃されている。また防弾チョッキがあまり当てはまらない体型の隊員もいた。ベランダから突入するＳＩＴの姿を見ても、〝もたついている〟隊員がけっこう多かったのも印象的だった。突入訓練ばかりしているわけではないようだ。

長久手町の現場付近を走行する SAT のものと思われる車両。

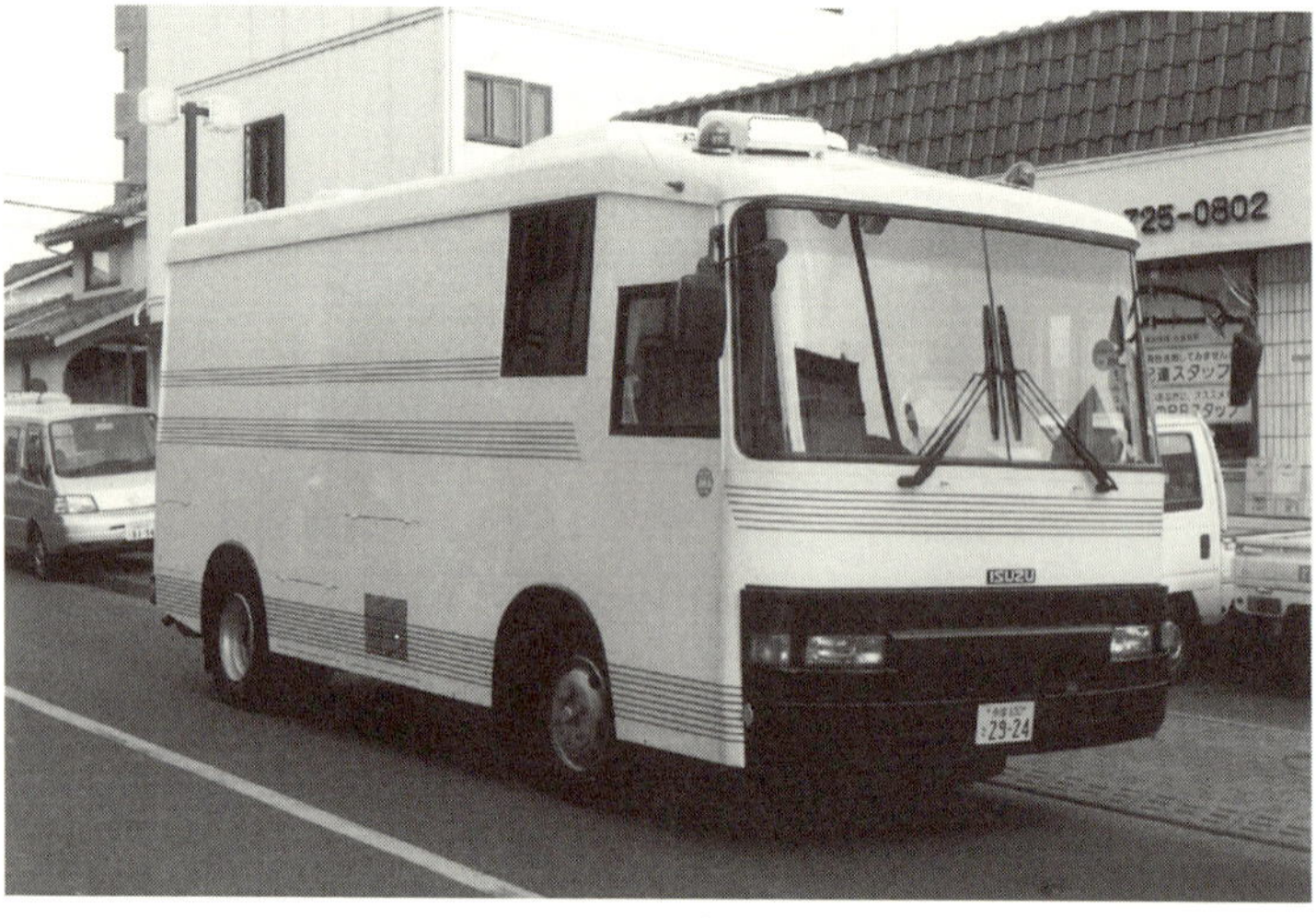

町田の現場付近に停車中の SAT 専用車両。用途は不明。

SAT の輸送車両と思われるが用途は不明。

SAT の多重無線車（指揮車）と思われる車両。

ＳＩＴの武器については、今回の町田事件により、Ｍ92Ｆバーテック拳銃やＭＰ－５ＰＤＷサブマシンガンを使用してる事が判明した。これがＳＩＴ全隊員が所持しているのか、それとも突入班だけなのかは不明である。また輸送用として使用しているマイクロバスには、堂々とＳＩＴと書かれていた。

警察庁の認識としては、姿を隠しているＳＡＴとは異なり、別段秘密にしておくような組織ではないと考えられているのだろう。

なお、今回の町田事件の突入には隊員よりも先にけたたましく吼(ほ)える警察犬が入っていった。白煙で視界を失った犯人を追い詰めるには、嗅覚(きゅうかく)の鋭い犬が最適と言う事なのだろう。警察犬のハンドリングを行なった隊員の防弾チョッキには「Ｋ－９」と書かれていた。

警備二課というセクションに警備犬がいる。これは犯人を逮捕したり災害現場へ出動する犬で、刑事部の鑑識課に所属している警察犬とは異なる。ということは、警備部と刑事部の連携での突入となったのか、もしくは、ＳＩＴの中に警備犬係があるのかもしれない。

全ての警察本部がＳＩＴという名称を使用しているわけでない。大阪府警の特殊犯係はＭＡＡＴ（Martial Arts Attack Team）と呼んでいる。こちらは１９９２年に創設された。埼玉県警は２００８年６月に川越で発生した立籠り事件にＳＴＳ（Special Tactical Section）というチームを出動させた。こちらもＳＩＴ同様に刑事部の特殊部隊だ。千葉県警はＡＲＴ（Attack and Rescue Team）と呼んでいる。

青森県警については、「東奥日報」が興味深い記事を載せていた。それは昨今の情勢を受けて青森県警が特殊捜査隊の装備を増強したという報だ。

それには『特殊部隊は「県警特殊捜査隊」（テクニカル・スペシャル・チーム、通称ＴＳＴ）で約十年前に編成。事件の制圧や犯人の説得を任務とし、捜査一課、機動隊、機動捜査隊から選ばれたメンバーで構成。これまで出動例はないが、万一に備え訓練を重ねている』とある。

青森県警が突入制圧班の事をＴＳＴと呼んでいる事が判明した。何よりも刑事部・警備部合同でのチームであるという点にも注目したい。このようなチームの場合、冒頭に書いたＳＡＴとＳＩＴの関係のように、直接部隊の指揮を誰が執るのか気になるところだ。

三・その他の特殊〝任務〟部隊

●突入制圧班

ＳＡＴのいない警察本部の警備部内にも規模は小さいながら突入制圧班という部隊が置かれているところがある。地方警察の場合は、人数の関係から、刑事部と警備部混成で部隊を編成している本部もある。

最近では水際危機管理対策の一環として、港湾・空港などで自治体・警察・海保・消防などが協力してテロ対策訓練を行なっているが、それら実働訓練に各警察本部の突入制圧班が参加するようになっている。

陸自・第１師団第１飛行隊の UH-1 から降下する埼玉県警の突入制圧犯 RATS

２００８年１月に、静岡県警警備部が総合警備訓練を公開した。そこで静岡県警の突入班ＳＲＰ（Sizuoka Raiot Police）が登場。これまでも数度人前に出てきている部隊なのだが、堂々と制圧訓練を公開したのは全国的に見ても非常に珍しい。

また２００７年２月には陸上自衛隊第1師団第32普通科連隊と埼玉県警による合同訓練が朝霞(あさか)駐屯地で行なわれた。そこで埼玉県警の突入制圧部隊であるＲＡＴＳが参加した。黒いパッチに赤い刺繍(ししゅう)でＲＡＴＳと書かれていたのが非常に目立っていた。その文字の下には埼玉県警機動隊のシンボルマークである〝勾玉(まがたま)〟と〝機〟という文字が描かれていた。

第2章
サミット警備とテロ対策訓練

菊池雅之

テロ対策訓練に参加した兵庫県警の銃器対策部隊。

●サミット無事終了

日本が5回目の議長国となった北海道洞爺湖サミットが2008年7月9日に無事終了した。小規模なデモや小競り合いはあったものの、大きな混乱もなく予定通りの日程が淡々とこなされていった。

サミット自体が〝成果なし〟と書き立てられてはいるが、福田首相にしてみれば、何事もなく、何はともあれホッと一安心といったところではないだろうか。会議の中身がどうであれ、一人の死者も出さなかったということは治安警備担当者からしたら大成功だ。

サミット警備の失敗といえば3年前のイギリス・グレンイーグルスサミットが思い出される。蟻も通さぬ鉄壁の警備体制を構築したサミット主会場ではなく、大胆にも首都ロンドンが狙われた。

それも同時多発爆破テロという卑劣な手段による大量殺人だ。通勤時間帯ということもあり、死者は56名、負傷者は700名にも上った。

テロリストからすれば、何もサミット主会場を狙わなくとも、会期中に何かしらの行動を起こし、それが成功すればいいわけだ。

けっきょく警備の難しい首都が狙われ、その模様は世界中に配信された。これでテロリストは声明を発表しなくとも、メッセージはマスメディアによって流布されていった。

警察庁は、イギリスの轍は踏まぬと、2008年に入ってから、実に物々しい警備体制を敷

東京都庁で行なわれた訓練に参加した警視庁銃器対策部隊。

いた。街中にはテロ警戒を呼びかけるポスターが貼られ、待ち行く人に容赦なく職質をかけていく。

　そして日本各地でほぼ毎日のようにテロ対策訓練が行なわれていった。東京駅、新宿駅、丸ビル、みなとみらい、高尾山登山口に三鷹の森ジブリ美術館…と、我々のまさに生活している場所、家族でくつろぐ場所でバシバシと訓練が繰り広げられた。

〝戦争の演出〟という言葉が頭を横切る。

　抑止力としての『見せる警備』を繰り広げ、それを望むと望まざるとに関わらずに国民の目に焼き付けさせる。

　これが70年代ならば、警察や自治体による過剰なまでの街中での軍事訓練に大反対のシュプレヒコールが起きそうであるが、やはり時代は変わった。

　多くの国民はテロを未然に防ぐためならば、ある程度の制限は致し方なしとし、警察をはじめとした治安機関や公共機関の指示に従う。サミット警備の名の元でどんな訓練が行なわれてきたのか見ていこう。

●日本各地の〝戦争〟

とにかく日本中いたるところでテロ対策訓練が行なわれた。前述のように、「えっ、こんなところで！」と驚くような場所も多かった。見せることで、警備レベルの高さを広報することは大事だが、中にはショーアップしすぎて、甚だ現実的ではないものも多かった。

例えば高い政治的意識を持ってやってきたテロリストが、警察官の「止まれ！」の指示に従うとは思えない。

しかもナイフやデッキブラシ（本当にあった！）を振り回し、「こっちに来るな」などと怒鳴ることなどあるだろうか。

たぶん追い詰められた時点で自決するか、もしくは爆弾や化学薬品を散布し、いわゆる自爆で幕を閉じるのではないだろうか。

テロリストは生きて故郷に戻ることは考えない。それは２００１年の９・11同時多発テロでも思い知らされたし、いまなおイスラエルで頻発する自爆テロを見ればそう認識せざるを得ない。

それを警察官は酔っ払いを捕まえるがごとく刺又で御用と、うまくいくのだろうか。時代劇の捕り物ではないのだから…。

テロリストが潜伏するフェリーが停泊している埠頭を封鎖する青森県警の警察官。

だがある自治体関係者は語ってくれた。そもそも「警察、海保、消防、自治体、地域が協力して訓練することがまだまだ難しい」のだという。

「けっきょく年に一度程度のことなので、いきなり本格的な訓練は行なえないし、場所もない。お偉いさんの視察の場ですよ」と残念そうだ。

それでも訓練の回数を重ね、見事な『軍事訓練』へと成長していた自治体もあった。警察や海保の特殊部隊や準特殊部隊が参加し、高度な訓練を繰り広げる。気がつけば税関職員や入管職員まで武装し、消防も警察と見事な連携をとり、まるでコンバットレスキューのようなことまでしていた訓練もあった。

前述したように、日本各所で数え切れないほどのテロ対策訓練、サミット警備訓練が行なわれた。とてもではないが、ここでは書き切れないし、そもそも日本全国にすべての訓練を把握するのは不可能なほど、多くの場所で訓練が行なわれた。

都内などは多い時で週に3回はテロ対策訓練が行なわれていた計算になる。テロ対策は確かに必要なものだが、あまりにも極端なここ数ヶ月であった。

いくつか特徴的な訓練をピックアップしていこう。

●神戸港テロ対策訓練

2月14日、兵庫県神戸市にある神戸空港に程近い新港第4突堤Q1岸壁等（神戸市）において、『神戸港テロ対策合同実働訓練』が行なわれた。訓練参加部隊は、第5管区海上保安本部、兵庫県警察本部、神戸税関、神戸市消防局などおよそ230名、車両19輌。

神戸においても『環境大臣会合』が5月24日から26日に行なわれており、それに向けての訓練として関係機関の連携強化という目的も含めて実施された。

今回の訓練は、停泊中の外航定期客船の船内で爆発があったという状況で幕を開けた。

この爆破についてテロリストがインターネットを通じて犯行声明を出し、さらに第2の爆破テロを予告してきたため、船舶爆破テロ事案として対処することになった。すぐさまフェリーターミナル内に現地合同調整所が設置され、神戸市・警察・海保・消防の指揮官クラスが集合した。

まずは爆発による多数の被害者の救出、そして火災の鎮火が最優先だ。この任務に神戸消防

フェリー内の捜索を行なう兵庫県警の銃器対策部隊。

の特別高度救助隊「スーパーイーグル」が投入された。

救助作業と共に、第5管区の海上保安官らはテロリストの船内捜索を開始。岸壁では海保と消防を護衛するため、兵庫県警の銃器対策部隊隊員らがMP－5を構えてフェリーを取り囲む。

船内からは難を逃れた乗客が、誘導に従い、タラップを降りてきた。するとその中の1名が警察官らに発砲してきた。逃げ切れぬと判断したのか、タラップを再び駆け上り、船橋に立籠った。

ここで犯人検挙のため、海保・警察による合同突入チームが組織された。この2つの機関がこうして共に制圧班を構成するのは非常に珍しいことであった。

混成チームはスタック体制をとりながら慎重に外階段を上っていく。

海保側はM5903、県警銃器対策部隊側はMP－5を構えながら、海保側が先行し、県警

テロリストの身柄を確保した第５管区の海上保安官ら（神戸港での訓練）。

がバックアップという役割分担。最後は海保が船橋へと突入し、テロリストの身柄を確保した。

●横浜市国民保護【テロ】対策実働訓練

4月10日、横浜国際平和会議場（パシフィコ横浜）において、横浜市国民保護（テロ）対策実働訓練が行なわれた。

国民保護訓練は国の政策として各自治体が必ず行なわなければならない訓練である。今回はその国民保護訓練にカッコ付けで〝テロ〟という言葉が加えられている。

なぜなら、パシフィコ横浜では5月28～30日にアフリカ開発会議が控えていたからだ。また横浜市は日本有数の政令指定都市でもあり、世界的にも有名な港湾都市でもある。アフリカ会議を標的、というよりも、7月に実施される洞爺湖サミットに関連したテロの脅威も充分に考えられる。

そこで横浜市は警察、消防、自衛隊を含めた大掛かりな訓練を実施するに至ったのだ。主な参加部隊は、神奈川県警機動隊（爆発物処理班、銃器対策部隊など）、陸上自衛隊第31普通科連隊、第3管区海上保安本部など。

訓練は『爆発物対処』、『BC対処』、『不審船対処』という3つの想定が盛り込まれた内容だった。

『爆発物対処』訓練においては、神奈川県警察が新しく配備したリモート式の爆発物処理機材が登場した。これは警察庁の国費により、警視庁や大阪府警など主要警察本部に配備されてい

横浜市国民保護訓練で爆発物の検査を行なったTARON4。

るもので、神奈川県警が公開したのはこの訓練が初めてとなる。

この機材は米陸軍が実戦配備しているTALONシリーズの最新バージョンだ。警察側はこの機材について〝すべて秘密〟としているが、爆発物処理機材のボディには『MTRS TALON4』と書かれていた。

特徴は2段式の折り畳みマニュピレーターで、今回はX線撮影装置を取り付けて爆発物の中身を調べるという作業を行なった。最後はクレーン型の爆発物処理具にて、爆発物をつまみ上げ、爆発物処理筒車の液体窒素タンクの中に投入して終了した。

『BC対処』訓練では、陸上自衛隊第1師団隷下部隊である第31普通科連隊が参加した。警察・消防が化学テロ被害者の救出を行ない、自衛隊が地域除染を行なうという流れだ。

検知から救助、除染までの一連の流れを演練

東京駅前で公開された訓練。テロリストに鋭く噛み付く警備犬。

した。毒劇物を巻いたテロリストは警ら隊員が検挙した。

最後は洋上においての『不審船対処』訓練だ。これも海保や警察の船艇が不審船を追跡するという良くある訓練進行であったが、なんと神奈川県警の警備艇「ゆり」の船上には、MP－5を携行した銃器対策部隊が乗船していた。これは非常に珍しい光景となった。

●東京都テロ警戒対応訓練

4月24日に東京都庁が中心となり、大規模な『テロ警戒対応訓練』が行なわれた。

この訓練は午前と午後の2部構成で行なわれた。まず午前の部は午前10時から11時半の間に、東京駅・丸の内ビル・行幸通りを舞台として、爆発物発見に伴う避難誘導訓練を行なった。

午後の部は午後1時半から午後3時半の間、東京都庁に爆発物が仕掛けられたという想定で、

東京都庁内に立籠もったテロリストと交渉する新宿署の警察官ら。

テロリスト制圧訓練、爆発物処理訓練、避難誘導訓練などを行なった。

注目すべきは東京都庁舎で行なわれた訓練である。まず拳銃で武装したテロリストが警備員の制止を振り切り、トイレに立籠る。拳銃を使用した事案であるために、警備二課の警備犬チームとともに銃器対策部隊が出動。そしてテロリストに対して警備犬とともに立ち向かい、見事身柄を確保するという内容。

警視庁銃器対策部隊が登場。テロリストと対峙する。

警備犬が犯人を取り押さえる。その後方ではニューナンブを構えた銃器対策部隊。

都庁内ロビーにおいて不審物を発見。警備犬が匂いをかぎ調べている。

マジックハンドを用いた爆発物の処理方法。掴み上げた後は液体窒素に投入。

爆発物処理具による爆発物の処理方法。こちらもその後液体窒素に投入。

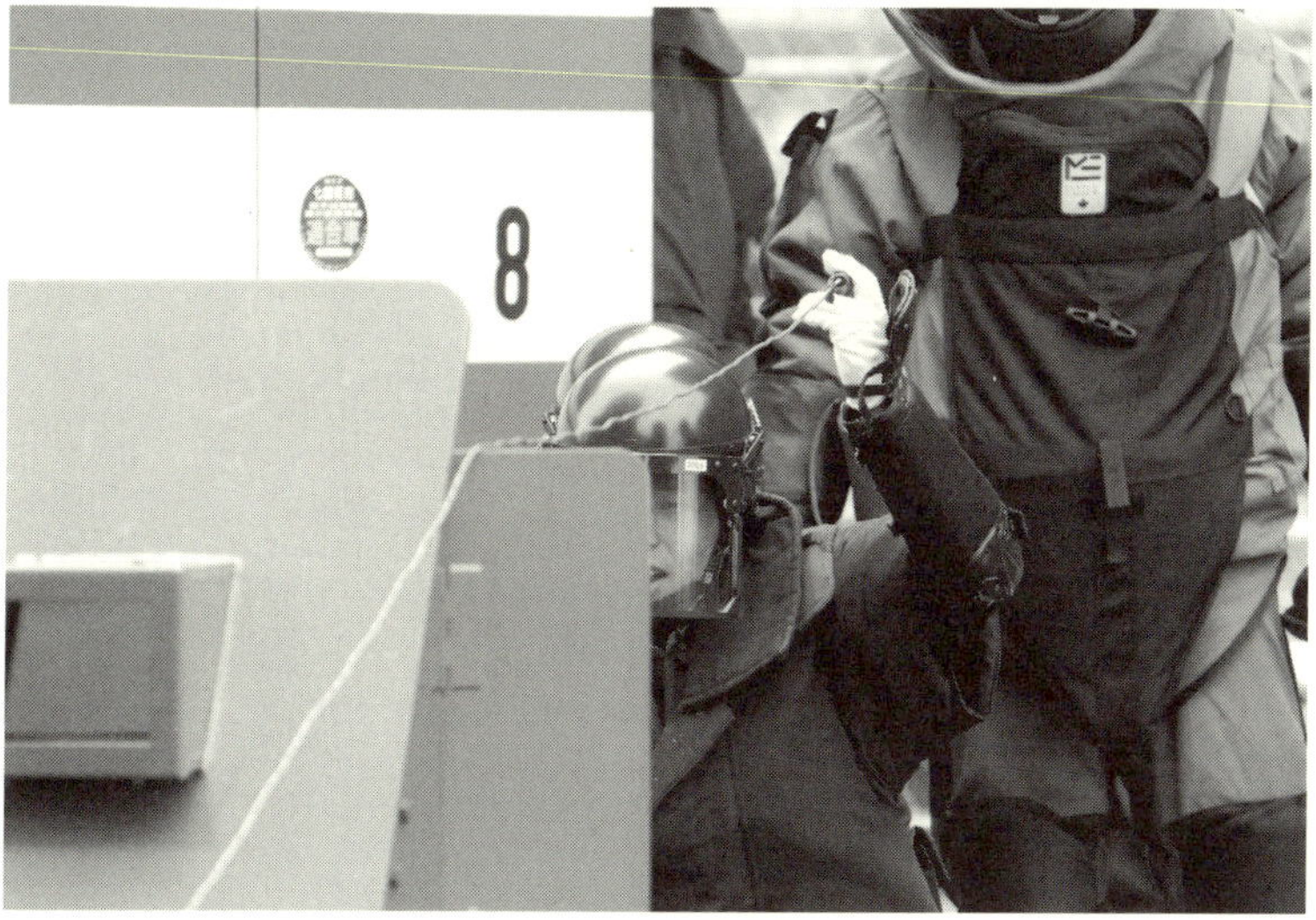

X 線撮影装置のレリーズを構えている爆発物処理隊員。

爆発物内を調べる X 線撮影装置。

この時、銃器対策部隊はニューナンブM60リボルバー拳銃にて対処に当たった。その後庁舎内を捜索すると、ロビーにテロリストの物と思われる不審物を発見。調査の結果、爆発物であることが判明した。

そこで警視庁の爆発物処理班が出動。防爆スーツを着用した隊員がマジックハンドを使い、装軌式の爆発物処理筒の中に収納した。

2つの訓練が終了すると、都庁前「都民広場」において警視庁及び東京消防庁による安全教育を目的としたデモンストレーションが都職員等を対象として行なわれた。爆発物がどれほど危険なのかを検証するため、警視庁による火薬燃焼実演なるユニークな取り組みも行なわれた。

なお東京都では平成15年から毎年テロ対策訓練を実施しており、今回で6回目となる。従来はNBC対処訓練や爆発物対処訓練を行なってきたが、今回は初めてテロリスト制圧をシナリオに組み込んだ内容となった。

首都東京がテロの標的になる可能性は非常に高く、都民の生命・財産を守るために東京都も今まで以上に真剣に訓練に臨(のぞ)んだことがこのことからもうかがえる。

●青森港サミット警備訓練

5月14日、青森港フェリーターミナルにおいて、『青森港サミット警備訓練』が行なわれた。青森県では6月7・8日にエネルギー大臣会合が行なわれるため、それに先立って、各機関に

不審者情報のあったフェリーへ立ち入り検査へ向かう海保（青森港での訓練）。

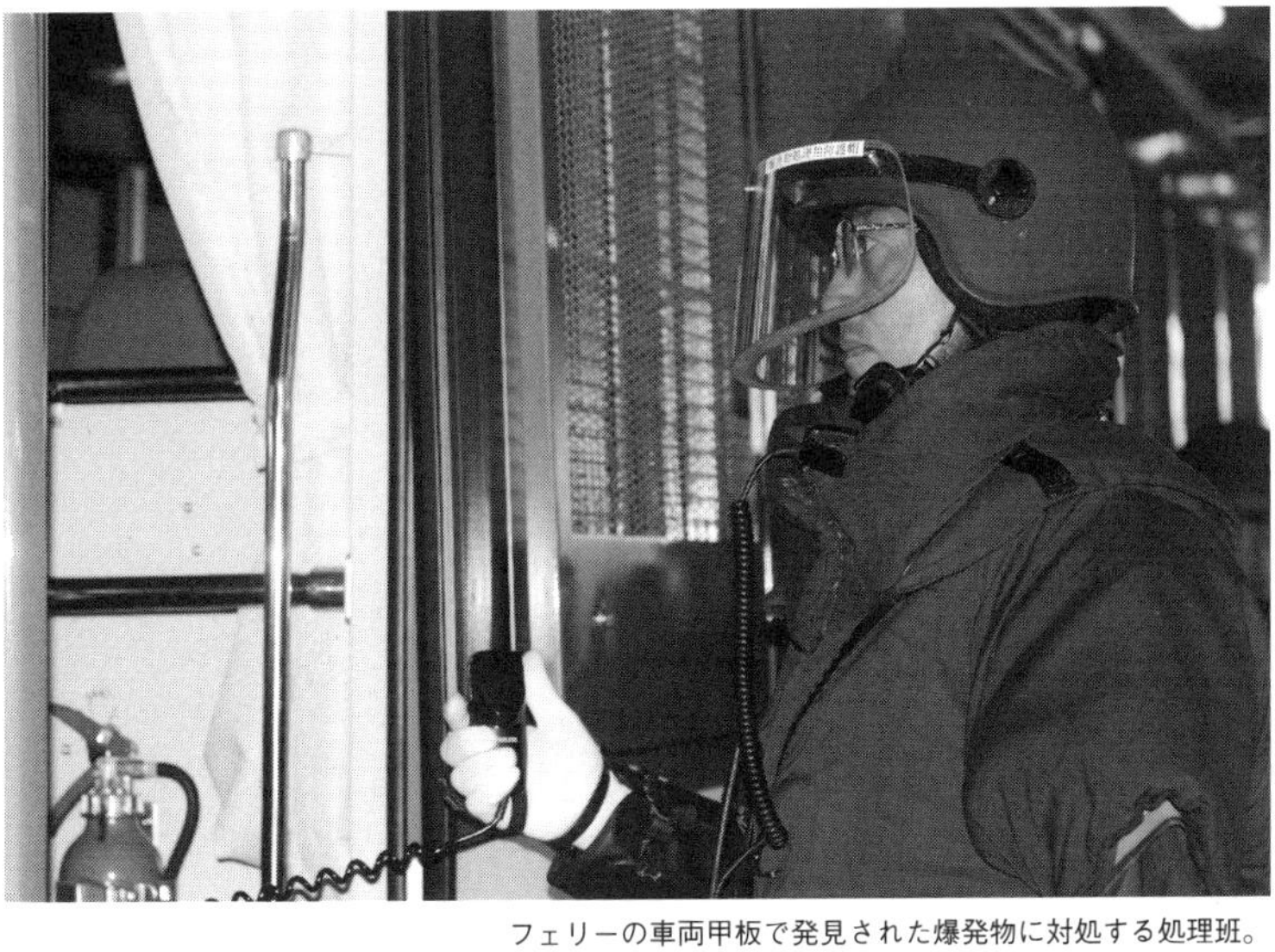

フェリーの車両甲板で発見された爆発物に対処する処理班。

フェリー内を捜索する海上保安官。先端にミラーの付いた道具を用いている。

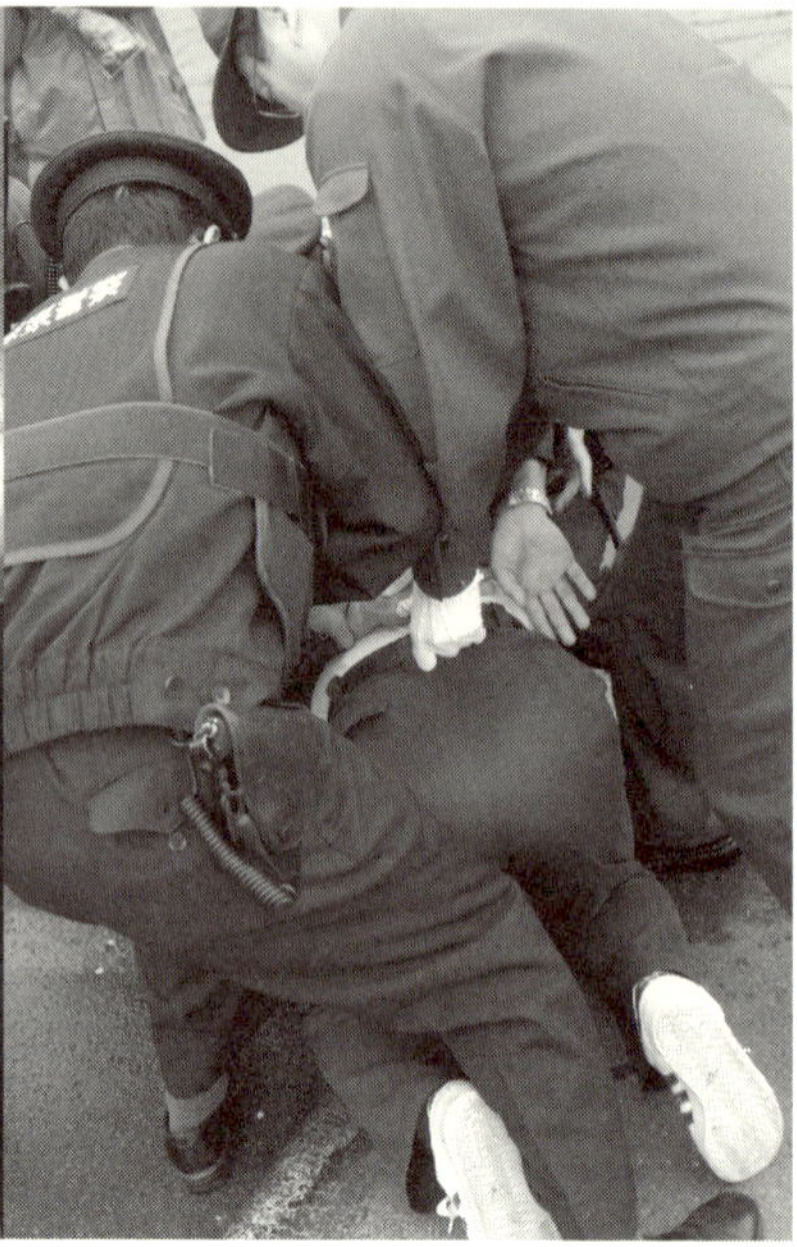

テロリストを発見、身柄を確保する警察官ら。

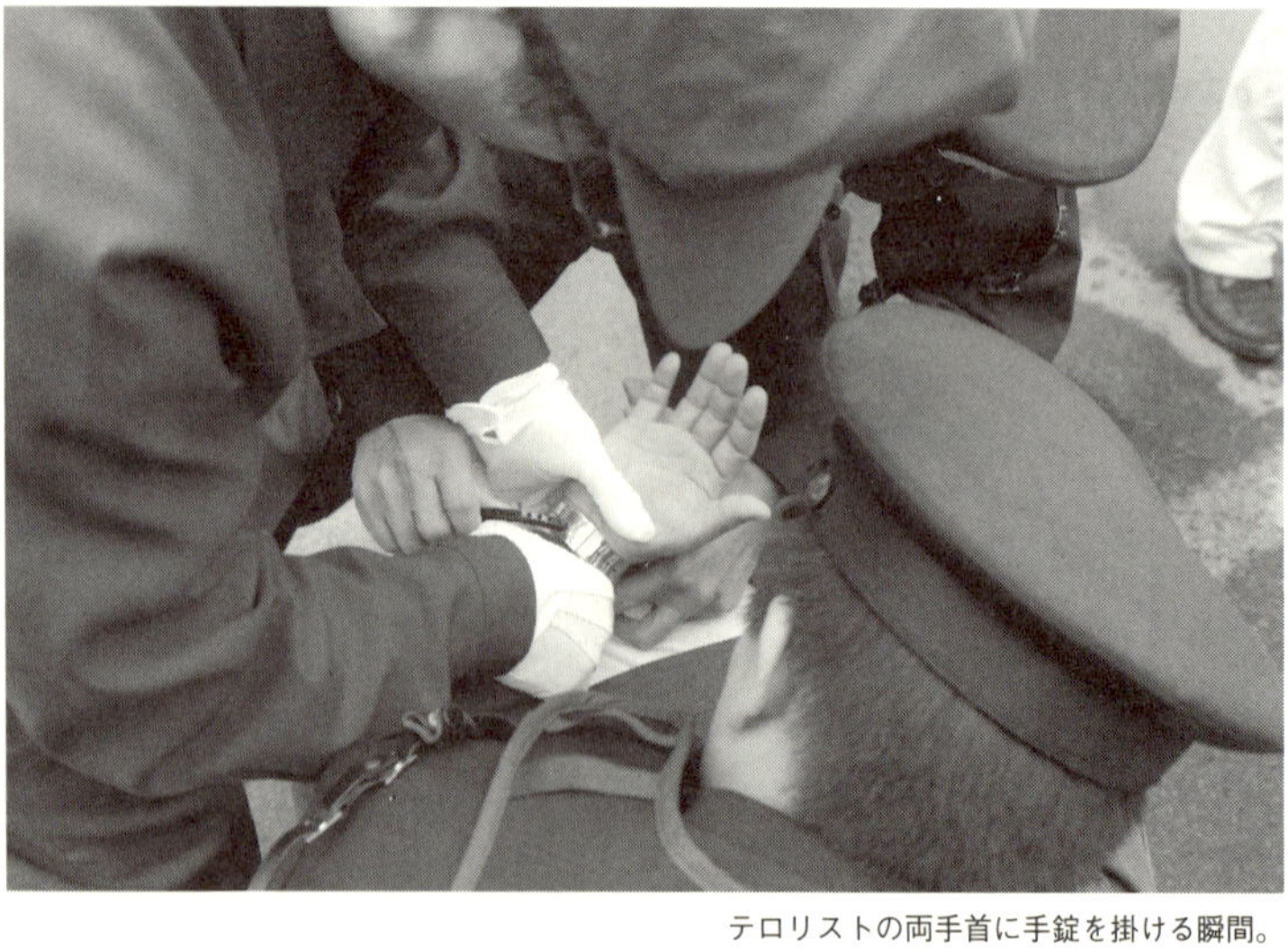

テロリストの両手首に手錠を掛ける瞬間。

フェリー車両甲板で発見された爆発物を処理する青森県警の爆発物処理班。

よる連携強化を目的とした警備訓練を行なうこととなった。訓練は実際のフェリーを使う実戦的な内容であった。

まず不審者情報に基づき、警察と海保が乗客の避難誘導を開始。そして海保の立ち入り検査隊がフェリーに乗り込んで不審物の捜索を行なった。避難した乗客は岸壁で手荷物検査を行ない、乗客に紛れたテロリストを発見。警察官により取り押さえられた。

船内捜索の結果、フェリーの車両デッキからテロリストの車と、爆発物と思われるアタッシュケースが発見された。青森県警機動隊の爆発物処理班が出動し、爆発物処理具を用いて爆発物処理筒車に収容した。

最後は洋上において不審船を警察の警備艇・海保巡視艇及びＲＨＩＢ（複合艇）で追跡・補捉する訓練が行なわれた。

●東京港初のサミット警備訓練

6月19日、東京港で初となる『サミット警備訓練』が東京港危機管理チームによって行なわれた。訓練実施場所となったのは、東京ビックサイトに隣接する東京港多目的埠頭（江東区有明3丁目）だ。

北海道・洞爺湖サミット開催を翌月に控え、東京港危機管理チームが主体となって警備訓練を実施することにより、関係機関の連携推進及び治安関係機関の事案対応能力の向上を図るのを目的としている。

訓練に参加したのは、東京海上保安部、東京湾岸警察署、警視庁公安部機動捜査隊（NBCテロ捜査隊）、東京都港湾局、東京税関、東京入国管理局など、参加人員100名、参加車両7輌、参加船艇7隻。

訓練は2つのパートに分かれて実施された。

まず東京海上保安部主催による『海上部訓練』だ。多目的埠頭に停泊している客船「まつなみ」にサミット粉砕を目論むテロリストが乗船しているとの情報が提供される。

そこで海保「いそぎく」CL135、「やまぶき」CL136・警察「たかお」視6・税関「あさま」・東京都「はやかぜ」「わかしお」が合同で捜索を開始。

すると逃げ切れぬと判断したのか、「まつなみ」船上にテロリストが姿を現し、巡視船に向けて拳銃を発砲してきた。

巡視船「やまぶき」には89式小銃を構えた海上保安官の姿があった。

「いそぎく」の船上には盾を構えた海上保安官が姿を現しフォーメーションを組む。一方「やまぶき」の船橋トップには89式小銃を構えた海上保安官が2名配置につく。どうやら「いそぎく」の移乗を「やまぶき」が支援するという役割分担のようだ。

テロリストは、近づく「やまぶき」に対して拳銃を発砲。そこで「やまぶき」船上の海上保安官は89式小銃による警告射撃を実施。

もちろん実弾射撃などは出来ないため、ここで空包射撃を行なう。とはいえ、オフィス街のすぐ目の前でかなり大きな射撃音が響き渡っていた。

その射撃の間に強行接舷した「いそぎく」から海上保安官が「まつなみ」に移っていく。移乗後は、3名でスタックを組み、拳銃を構えながら慎重に甲板上を進んでいく。

彼らが構えていたのはS＆WのM５９０６だった。同拳銃は特別警備隊が使用する拳銃とし

P5906 を構えてテロリストと対峙する。

て知られている。東京海上保安部では、一般の海上保安官でもオートマチック拳銃の配備が進んでいるようだ。

そして船首にいたテロリストと対峙。テロリストは抵抗を見せることなく、両手を挙げて投降した。

もう一つが警視庁による『陸上部訓練』だ。こちらの訓練に主として参加したのは、出来たばかりの東京湾岸署だ。

税関検査を拒否した不審者を湾岸署員が警棒と盾で押さえつけて身柄を取り押さえた。そして男の荷物から化学薬品が発見される。

そこで警視庁の公安機動捜査隊のＮＢＣテロ捜査隊が登場。検知から除染までの一連の流れをテキパキと実施。訓練は幕を閉じた。

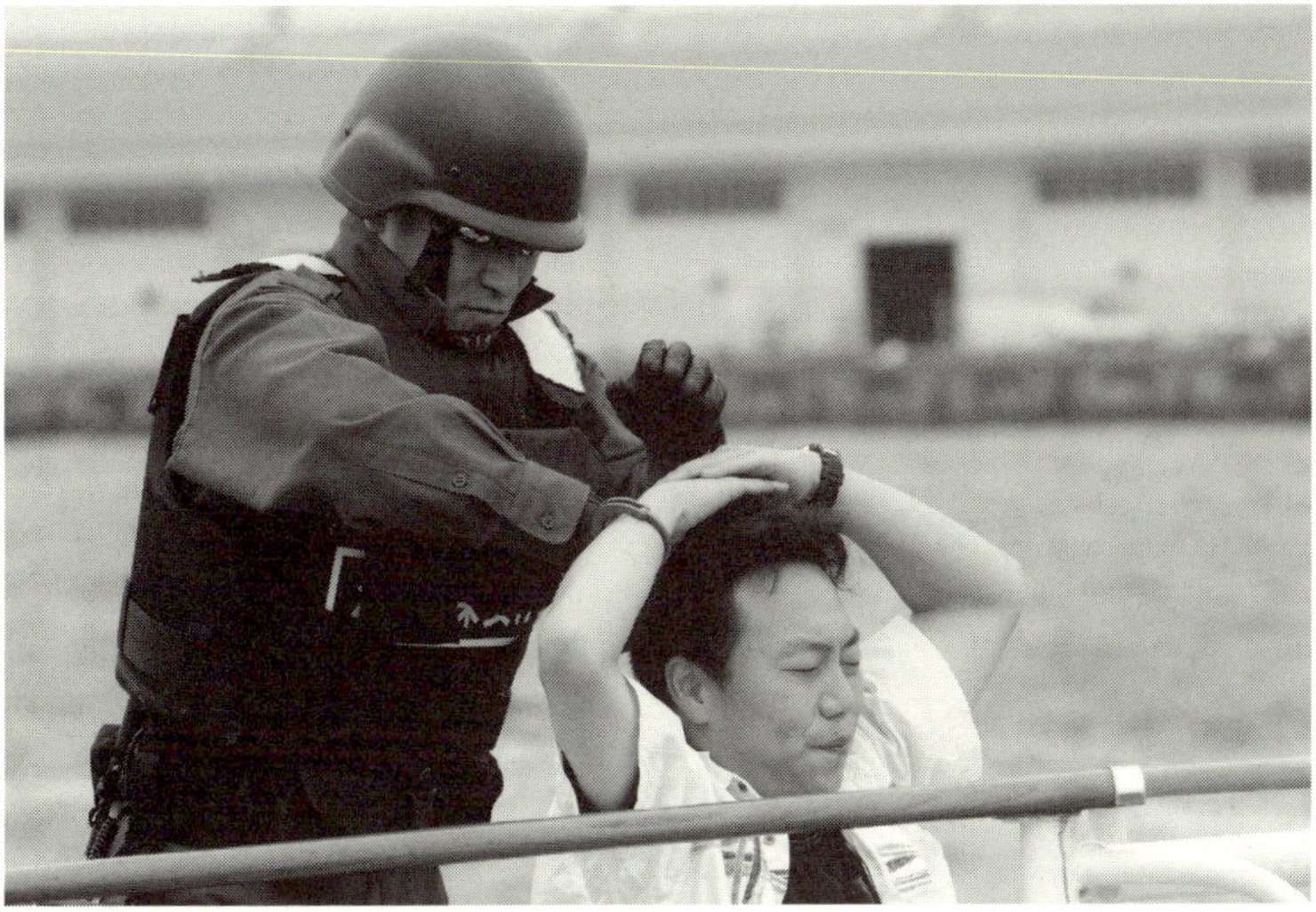

テロリストの身柄を取り押さえたところ。

発見された化学兵器の入ったペットボトルの対処を行なう警視庁機動隊とNBCテロ捜査隊。

和歌山県警銃器対策部隊。

第3章
警察と自衛隊の共同訓練

菊池雅之

自衛隊部隊を誘導する白バイ隊（静岡での訓練）。

●警察と自衛隊の協力

『秘密裏に潜入してきた北朝鮮の工作員が国内でテロ活動を行なう』

この想定は、今ではシミュレーション小説では良くあるものとなった。一昔前ではソ連軍の大戦車部隊や機械化歩兵部隊だった敵役が、現在は北朝鮮のテロリストへと置き換わっている。北朝鮮のテロリストによる破壊工作はまったく荒唐無稽な話ではなくなった。まさに「今そこにある危機」となったのだ。警察庁は対テロ特殊部隊としてSATを創設したが、果たして戦争のプロとして教育されてきた工作員と戦うことが出来るのだろうか。

一番の問題は火力にある。現状では警察庁は狙撃銃や機関拳銃などは装備していても、それ以上のものは何もない。RPG－7対戦車ロケットランチャーのような強力な武器に対抗する事は不可能なのだ。また爆破テロやNBCテロに対するために爆発物処理班や化学防護隊などを整備・拡充しているが、それは事件発生後の対処部隊であり、未然の防止には繋がらない。

仮に都内某所でサリンが撒かれたとしよう。

訓練通り化学防護隊が出動し、被害者の救助、地域除染を実施する。

その間にSATが出動し、阿鼻叫喚の光景の中、混乱する人々を掻き分けながらテロリストを探し出す。

この時点で日本の治安はすでに保たれていないのだ。

ここで治安回復の切り札として自衛隊が登場する。自衛隊は宣戦布告をして本土に攻めて来

96式装輪装甲車を護衛する北海道警察の白バイ隊（北海道での訓練）。

真駒内駐屯地での訓練開始に参加する北海道警察の銃器対策部隊（北海道での訓練）。

る敵と戦うための訓練を半世紀に渡り行なってきた。それが防衛出動である。これに加えて、近年は前述のような国内の治安を守るためにも出動する可能性が高くなってきた。これを治安出動と呼ぶ。

しかし自衛隊は治安出動を経験していない。そこで市街地での本格的な戦闘を学ぶための訓練を急ピッチで進めることになった。

東富士演習場など国内5ヶ所に実際にビルを数棟建てた市街地戦闘訓練場も作った。そしてここ3年ぐらいの間に日本中の普通科連隊はみっちりと市街地戦闘の技術を学んだ。

次に今まで皆無だった自衛隊と警察の相互協力の必要性も出てきた。両組織は似て非なる組織であり、これまでも防災訓練程度での交流はあったが、インターオペラビリティはない。

そこで防衛庁（当時）と警察庁は何度か話し合いの場を持った。そして各警察本部と各方面総監部による指揮所演習へと確実にステップアップをし、遂には共同で訓練を行なうところまでこぎつけた。

●自衛隊が戦うわけ

陸上自衛隊が警察と共同訓練を行なう理由については、今更説明するまでもないだろう。武装工作員による破壊活動、誘拐などの不正規戦から日本国民の生命と財産を守るためには従来の野戦中心の考え方だけでは不充分となったからだ。

都市部での戦闘、もしくは重要防護施設内での近接戦闘など新しい戦い方を学ぶ必要がある。

陸自レンジャー部隊とスタック体制を組む北海道警察SAT（北海道での訓練）。

警察車両の終結地点に到着した第32普通科連隊の高機動車（埼玉県での訓練）。

そのような事態に陥った場合、日本を代表する治安機関である警察と任務をバトンタッチ、もしくは協力をしていかなくてはならなくなった。

まずは警察が出動し、武装工作員と戦闘となるも、敵の圧倒的火力に手が出せない。そうなるともはや自衛隊が最後の砦となるしかないのだ。

だが自衛隊が出動し、それら任務に当たるためには、法的な制約が多い。敵が宣戦布告をして戦いを挑んでくるのであれば話は変わるが、例えば、武装工作員〝らしい〟グループがよからぬ事を企てようとしている、もしくは企てたとしても、自衛隊が率先して部隊を率いて勝手に武装工作員グループの制圧作戦を繰り広げるわけにはいかないのだ。

シミュレーション小説などでは、警察官が大量に殺害されて、はじめて自衛隊が出動する、なんていうストーリーもここ数年増えてきている。どの時点で自衛隊が出動するのか、その明確な線引きがないのが実状だ。

誰がそれを決めるのか？といった疑問の前に、自衛隊が出動するにはいくつかの手順が必要だ。ここで重要なキーワードが本章の前の部分でも触れた『治安出動』なのである。

治安出動は、自衛隊法第78条に記されている。国内での緊急事態に際し、警察力では対応できない場合、内閣総理大臣が自衛隊に対して治安出動を命令できる。もしくは自治体からの要請という形での治安出動もある。いずれにせよ、最終的には内閣総理大臣の命令が必要となるものだ。

「誰が自衛隊の出動をきめるのか」との疑問の答えは、内閣に他ならない。ようするに自衛隊

警察の護衛で移動する第 34 普通科連隊の車列（静岡での訓練）。

静岡県警と第 34 普通科連隊による調整会議風景（静岡での訓練）。

が治安出動するタイミングを決めるのは内閣総理大臣の腹一つとなる。

治安出動が発令されると、自衛官にも警察官職務執行法が適用され、職務質問などによる事態発生前の予防的な活動や、テロリストの逮捕、拘束（こうそく）といった任務も行なえる。要するに強力な武器を持った〝おまわりさん〟となるのだ。

そのような事態となった場合、自衛隊と警察は磐石（ばんじゃく）の協力体制で臨む必要がある。そこで平成13年11月、警察との共同対処についての部分や、武器使用に関する部分など、自衛隊法の規定が一部改正された。

平成14年頃から自衛隊と警察による図上訓練が行なわれるようになった。各師団・旅団と各警察本部という形で日本中で実施されていった。

こうした日本各地での図上訓練を踏まえて、いよいよ実働訓練も行なわれるようになった。以下実施部隊、実施日時を記す（下記データは本稿執筆時までの一番新しい情報となっている）。

1・北部方面隊、北海道警察（平成17年10月20日）
2・第14旅団、四国各県警察（平成18年10月13日）
3・第4師団、福岡県警察（平成18年11月29日）
4・第1師団、埼玉県警察、茨城県警察（平成19年2月20日）
5・第3師団、大阪府警察、奈良県警察、和歌山県警察（平成19年2月21日）
6・第2師団、北海道旭川本部警察（平成19年3月7日）
7・第12旅団、群馬県警察、栃木県警察（平成19年6月8日）

山梨県警の銃器対策部隊の隊員たち（静岡での訓練）。

8・第10師団、岐阜県警察、愛知県警察、三重県警察（平成19年11月22日）
9・第14旅団、愛媛県警察、高知県警察（平成19年12月14日）
10・第1師団、静岡県警察、神奈川県警察、山梨県警察（平成20年1月29日）
11・第13旅団、中国5県警察
12・第4師団、長崎県警察、佐賀県警察、大分県警察

それでは具体的に、2008年1月に駒門（こまかど）駐屯地で行なわれた、静岡・神奈川・山梨県警察と陸上自衛隊第1師団との共同訓練を見てみよう。

●陸自と警察の共同訓練を見る

1月29日、駒門駐屯地（静岡県）において、『静岡・神奈川・山梨県警察と陸上自衛隊第1

神奈川県警の銃器対策部隊（写真右）と山梨県警の銃器対策部隊（静岡での訓練）。

師団との共同訓練』が行なわれた。統裁官となったのは、陸自側：第1師団長・武田正徳（のり）陸将、警察側：静岡県警察本部長・原田宗宏警視監。訓練実施部隊は、自衛隊側：第31普通科連隊・第34普通科連隊・第1特科隊・第1飛行隊、警察側：静岡県警察・神奈川県警察・山梨県警察で、人員約170名、車両約20輌、航空機1機という規模であった。

自衛隊と警察がこのような共同訓練を行なったのは今回が初めてではなく、すでに全国で9回行なわれており、この時がちょうど10回目となる訓練だ。

訓練の内容は、「部隊輸送訓練」、「共同調整所の運営訓練」、「共同検問訓練」、「包囲制圧訓練」と大きく分けて4つのフェーズに分けて実施した。この中で報道公開されたのは、「部隊輸送訓練」のみ。

実は今回に限った事ではなく、この種の訓練では、なかなかそれ以外のフェーズは公開され

訓練開始式に臨む陸自と警察の面々（静岡での訓練）。

ていない。

陸自としてはいずれの訓練内容とも公開しているのであるが、警察は今のところ非公開という姿勢を貫いている。その理由は「手の内を明かさない」ためであるという。

しかしアメリカ、イギリスを始めとした欧米諸国や韓国や台湾などのアジア諸国、それ以外にも多くの治安機関がこうした訓練を公開している。

見せる事で「抑止力を高める」という考え方があるからだ。そうした時代の流れを見ると、いずれは公開していかざるを得ないのかもしれない。

訓練に先立ち、駒門駐屯地内の体育館において、訓練開始式が行なわれた。体育館内には、迷彩服姿の隊員の隣に警察官らが出動服で並ぶ。

目を引いたのは静岡県警察機動隊の制圧班ＳＲＰだ。全身を真っ黒いタクティカルスーツで覆い、防弾チョッキにはＳＲＰという文字が描かれている。手にしているのはフラッシュライトが取り付けられたＭＰ－５。

ＳＲＰの名称には諸説いろいろあったが、今回静岡県機から正式な発表があり、ＳＲＰはSizuoka Raiot Police の略であるそうだ。ＳＲＰはいわゆる特殊部隊であるのだが、各種訓練に参加しているため目にする事が多い。

静岡県警は、精強さをアピールする事でテロや組織犯罪を抑止しようと考えているようだ。とは言え、さすがに顔はバラクラバで隠しており、隊員個人の素性が明らかにされる事のないようにとの配慮が伺える。

各報道機関とも、やはりＳＲＰに注目していたが、神奈川県警察と山梨県警察も機動隊内の準特殊部隊ともいえる銃器対策部隊を参加させていた。皆、ＭＰ－５をビシッと構えての勇ましい姿であった。

開始式に引き続き、すぐに訓練へと移った。まずは「部隊輸送訓練」である。これは自衛隊が治安出動するにあたり、警察が自衛隊の部隊の移動をスムーズにするために交通規制を行なうというもの。

自衛隊が対処しなくてはならないような状況という事は、国内はそうとう混乱した事態となっているだろう。逃げ惑う人々で道路は大渋滞となるかもしれない。

そういった場合、警察が先導することにより、移動経路上をクリアーにするのが目的である。パトカーはサイレンを鳴らして自衛隊のために道を空けさせる。また車列に無理に割り込もう

訓練開始式で訓示を述べる警察と自衛隊の両指揮官（静岡での訓練）。

とする車両があれば、それを規制する。そこで駐屯地内を街と見立て、部隊が現場へと進出するまでを訓練するのだ。

まずは現場へと進出するため、第34普通科連隊第4中隊と静岡県警交通機動隊が移動経路の調整会議からはじまる。中隊長の乗る82式指揮通信車をはじめ、高機動車が待機。交差点には警察官がすでに配置に就いていた。

こうして自衛隊・警察合同部隊は移動を開始。自衛隊車列の先頭と中ほど、そして最後尾を静岡県警のパトカーや白バイが固める。サイレンがけたたましく鳴り響き、駐屯地内の〝街〟を疾走する。この時、第1飛行隊のOH－6D偵察ヘリが上空から情報収集を行う予定であったのだが、天候不良のため、フライトはキャンセルとなった。

1月29日の訓練の報道公開はここで終了した。その後は駐屯地グランド等において「包囲制圧訓練」などの各種訓練が予定通り行なわれた。

警察側からの現場への移動ルートの説明を聞く（静岡での訓練）。

重ねて言わせてもらうが、取材ができなくて残念である。

第1師団として警察と共同訓練を実施するのは今回で2回目となる。今のところ年に一度のペースで実施している。

これからも全国でこのように警察と自衛隊が協力して行なう訓練の回数は増えていくことになるだろう。

裏を返せば、我々はなんと危険な時代を生きているんだろうか。

第4章

銃器対策部隊の実像

菊池雅之

茨城県警の銃器対策部隊。フラッシュライト付きのMP-5をかまえている。

●日本中に散らばる特殊部隊!?

〝テロに立ち向かう警察官〟として最近マスコミの注目を集めている部隊がある。それが銃器対策部隊だ。

部内では略して銃対（じゅうたい）と呼んでいる。5、6年前まではほとんど公の場に姿を見せる事がなかった秘密の部隊であった。だが最近では日本各地で行なわれているテロ対策訓練や水際危機管理対策訓練などに度々顔を出し、テロリストの逮捕術を公開するまでになっている。

こうして人前で活躍するなどとは一昔前では考えられない事である。裏を返せば、銃器対策部隊が表に出てきているというのは、日本の治安の悪化、そしてより緊迫の度合いを増す国際情勢の悪化を映し出していることでもあり、非常に残念である。

銃器対策部隊は1996年に全国に設置されたまだ歴史の浅い部隊である。

銃器等を使用した凶悪な犯罪に対処できるように、各種特殊技術の体得や体力、資質など高い水準をクリアした優秀な機動隊員たちで編成されている。2002年に日韓共催でサッカーのW杯が行なわれた事を転機として、より重武装化が進んだ。

まずメインウェポンとしてサブマシンガンMP－5を装備している。部内ではMP－5とは呼ばずに『機関けん銃』と呼んでいる。もともとはフランス仕様のMP－5Fがモデルとなっているが、某軍事専門誌が日本モデルということで、〝MP－5J〟と呼称したことから、関係者やマニアの間では〝J〟の方で呼ばれるようになった。理由はそれだけではなく、玩具銃

埼玉県警の銃器対策部隊。顔をバラクラバで覆っている。

メーカーである東京マルイが、なんとこの警察用機関けん銃をMP－5Jとして商品化したこともそれに拍車をかけた。これによりますますMP－5Jという呼び方の方が定着していったのだ。

この話にはさらに続きがあり、警察が『訓練用模擬銃』として、なんとこの東京マルイのMP－5Jを導入することになった。よってけっきょくのところ、この銃をMP－5Fと呼ぶべきかMP－5Jと呼ぶべきか、ややこしくなってきた。そこで多くの軍事専門誌では本物を〝F〟、エアガンを〝J〟と分けて記事を書くようになり、読者もそれに続いているようだ。正確には警察同様に機関けん銃と呼ぶほうが間違いはないだろう。

機動隊と同様の出動服を着用し、その上から防弾ベストを着用することもあれば、特殊部隊同様に黒いタクティカルスーツを着用することもある。アメリカのイーグル社のタクティカルベストを採用している警察本部も多い。

同部隊は移動用として特型警備車と呼ばれる装甲車を配備している。汎用型トラックとして名高い三菱キャンターをベースにしているが、もとはトラックだとは到底想像に及ばない外観をしている。この車輌の側面及び後部には銃眼があり、隊員たちは車外に出ることなく射撃をすることができる。また車輌上部には楯があり、そこにも銃眼が備えられている。フロントガラス部分は鉄板で覆う事ができる。その鉄板にはスリッドがあるので、正面を覆いながらもちょっとした移動であれば運転可能だ。都道府県警により、塗装のパターンは異なるものの、銃器対策部隊にはかならず配備されている車輌である。

警備部内には銃器対策部隊の他に爆発物処理隊（班）、化学防護隊（NBC対策班）、広域緊

三重県警の銃器対策部隊。黒いタクティカルスーツを着ている。

銃器対策部隊が使用する特型警備車。

急援助隊などがある。そして特殊部隊として知られているSATも忘れてはならない。SATを編成している警察本部は、現在の所、北海道警、警視庁、神奈川県警、千葉県警、愛知県警、大阪府警、福岡県警、そして2007年の9月6日に誕生したばかりの沖縄県警を合わせてトータル8都道府県警のみ。

この8つのSATで日本全国をフォローする事になる。そうなると犯罪の発生場所によっては、SATが到着するまでに時間が必要なケースがでてくる。そこで警察庁は銃器対策部隊について、「重大事案発生時には、SATが到着するまでの第一次的な対応に当たるとともに、到着後はその支援に当たることを任務としている」と位置づけた。

また「昨今の厳しいテロ情勢を踏まえ、警察では、原子力関連施設ついては、サブマシンガン、ライフル銃、装甲警備車等を装備した銃器対策部隊等による恒常的な警備等を実施してい

「あさま山荘事件」で一躍有名となった先代の特型警備車。

年頭視閲式で行進する埼玉県警銃器対策部隊。

る」と警察白書に明記されている。ということは、銃器対策部隊は、全国に散らばる特殊部隊とも言えるのだ。原発を抱える警察本部は、銃器対策部隊の中からさらに選抜した原発警戒隊という部隊も編成している。白書の通りこの部隊は恒常的に原発を警備している。

●銃器対策部隊誕生までの歴史

まずは銃器対策部隊のベースとなっている機動隊について説明しよう。

機動隊は徹底した訓練を受けた特別な警察官として創設される事になった。昭和27(1952)年8月にまずは20都道府県に誕生した。そして徐々に数は増えていき、10年後の昭和37年4月には47都道府県すべての警察本部に創設されている。

そして都道府県の枠にとらわれずに、広域運用を可能にするため、管区機動隊が昭和44年4月に誕生した。東北管区、関東管区、中部管区、近畿管区、中国管区、四国管区、九州管区と日本を7つの管区に分けて警備活動を行なっている。昭和40年代に入ると、学生運動はより激しさを増し、機動隊の出動件数は爆発的に増えていった。

さて銃器対策部隊の元祖とも言えるある部隊が昭和43年頃に機動隊内誕生することになった。それが狙撃班(部隊)、ライフル隊と呼ばれる特殊チームだ。この部隊創設の裏には昭和43年に発生した『金嬉老事件』が大きく関わってくる。

在日2世として静岡県で生まれた金嬉老(当時39歳)は、金銭トラブルから暴力団幹部2名をライフル銃で射殺。その後旅館に逃げ込み、旅館経営者家族6人と宿泊客10人を人質に取り

大阪府警の銃器対策部隊。フリッツヘルメットを被っている珍しい姿。

籠城。自分から警察やマスコミに電話をするなど、劇場型犯罪として日本中の注目を集めた。ワイドショーなどは金に直接電話をかけ、そのやり取りを生放送したり、籠城中の旅館内で記者会見し、記者は「一発撃ってもらえますか」というリクエストをしたりと、今では到底考えられない状態だった。

警察はこの時、度々窓から顔を出す金を狙撃する方法を模索することになった。しかし当時、警察にはスナイパーがいなかったため、狙撃のチャンスは多かったものの、実行に移す事が出来なかった。最後は記者に扮した捜査員が旅館内記者会見に紛れ込み、金の身柄を取り押さえた。この事件を契機に狙撃班が創設されることになったのだ。

翌年の昭和44年には『瀬戸内シージャック事件』が発生。この事件に創設間もない大阪府警の狙撃班（ライフル隊と呼ばれていた）が出動した。

犯人の川藤展久（当時20歳）は、乗組員7人、乗客37人を人質にとり、観光船「ぷりんす」号をシージャックした。そのフェリーは宇品から松山へと移動。そして再び宇品港に戻ってきたところで、狙撃班が犯人を射殺した。この時対処に当たったのが、大阪府警であったということは、広島県警には狙撃班がまだ編成されていなかったという事なのだろう。まずは大都市を抱える警察本部から優先的に狙撃班が創設されていったようだ。

その後『あさま山荘立籠り事件』や『三菱銀行北畠支店立籠り事件』など、銃器を用いた凶悪犯罪が多発する。こうした背景を受けて、狙撃班はより精鋭化、武装化の道を辿（たど）るようになっていった。そして立籠り犯逮捕のための突入訓練なども行なうようになり、それが特殊部隊SATの創設へと続いていく。

栃木県警の銃器対策部隊。年頭視閲式にて。

この時、SATに準ずる部隊として特殊警備部隊（都道府県によっては呼び方が違う場合がある）が警視庁等に創設された。この部隊はライフルやガス銃で武装し、明らかに一般の機動隊員とは異なる装備・編成となっていたが、それ以上に詳しいことが公表されることはなかった。

そして1996年、この特殊警備部隊が銃器対策部隊と名称を替えた。名称の変更とともに一般市民による、銃器を使用した犯罪に対処するだけではなく、戦闘訓練を受けたテロリストに対処するという新しい任務も加わった。

前述のように2002年にはMP－5が配備され、ますますその姿は警察官というよりも〝兵士〟のような戦闘集団へとなっている。国際的テロリストと戦うためにはさらに装備や訓練の拡充が必要だ。もちろん銃器対策部隊が出動するような事態に陥（おちい）らない事が最も好ましいのだが…。

●銃器を使用した主な事件（※未解決のものも含む）

1965年7月　渋谷銃砲店立籠り事件
1968年2月　金嬉老事件
1970年5月　瀬戸内シージャック事件
1972年2月　あさま山荘事件
1977年10月　長崎バスジャック事件

テロ対策訓練中の静岡県警銃器対策部隊の姿。

1979年1月　三菱銀行北畠支店立籠り事件
1983年1月　元消防士猟銃拳銃強盗殺人事件
1990年11月　那覇(なは)市内警察官射殺事件
1994年6月　青物横丁駅医師射殺事件
1995年3月　警察庁長官狙撃事件
1995年7月　八王子市スーパー拳銃強盗殺人事件
1995年8月　京都市内警察官射殺事件
1997年4月　江東区会社社長射殺事件
1997年8月　神戸市内暴力団組長及び医師射殺事件
1999年9月　川崎市内信用金庫強盗殺人事件
2003年1月　前橋市内スナック拳銃殺人事件
2004年5月　宇都宮市拳銃立籠り事件
2004年6月　地下鉄渋谷駅拳銃強奪事件
2005年3月　港区外国人拳銃殺人事件
2005年4月　市原市内レストラン拳銃殺人事件
2007年4月　町田市発砲立籠り事件
2007年5月　長久手町発砲立籠り事件
2008年6月　川越市拳銃車内立籠り事件

テロ対策訓練に参加する兵庫県警の銃器対策部隊。

第5章
P－REX／警察広域緊急援助隊特別救助班

菊池雅之

八都県市防災訓練に参加する埼玉県警広域緊急援助隊。

●P-REX

平成17年4月7日に全国12都道府県警察に創設されたのが「警察特救班」だ。正式名称は警察広域緊急援助隊特別救助班。その英語表記であるPolice team of Rescue Expertsの頭文字を取り、〝P-REX〟と呼んでいる。1個班は11人編成としており、それぞれの警察の規模により1個班、もしくは2個班（警視庁のみ4個班）と体制が異なっている。関東管区広域緊急援助隊では神奈川、埼玉、静岡の3つの県警にP-REXが存在している。

もともと警察は、自然災害に対して都道府県警察の垣根を越えて迅速に救助に駆けつけることができるように、警備部機動隊の中に広域緊急援助隊という部隊（これについては後述する）を作った。

警察にとって災害現場での救出・救助作業は、犯人の逮捕や交通事故の処理などたくさんある任務の一つでしかない。広域緊急援助隊として派遣されてきた機動隊員たちも、重要防護施設警備やデモ対処、雑踏警備など、我々の生活に関わる非常に重要な治安維持のための活動を日々行なわなければならない。そこで消防と違い専門のレスキュー隊員を育てることは難しいとされてきた。

しかし平成16年10月23日に発生した新潟中越地震の発生が、警察のレスキューを変える大きな転機となった。この時、新潟県警のもとに33都道府県警察の広域緊急援助隊（のべ1万3550名）が派遣され、被災地での救出救助、避難誘導等を行なった。阪神淡路大震災の教訓が大いに生かされた見事な連携であった。

広域緊急援助隊は、日本各地の防災訓練にも積極的に参加している。

土砂に埋もれた被災者を助け出す訓練。

だが現場はさらに高度な救出・救助能力を要求してきたのだ。

行方不明となった家族が乗った乗用車を群馬県警の航空部隊が土砂崩れの間から発見した。しかし警察はその現場から生存者を捜索、救出する資機材を有していなかったため、ハイテク機器等を用いた東京消防庁のハイパーレスキューが2歳幼児を救出した。

この時の経験を踏まえて、警察庁でも消防のハイパーレスキューのように、救出・救助能力に秀でた隊員、そして資機材を保有する特別班を創設するべきだという考えに至った。

被災地ではオフロードバイクも大活躍する。

滑車を使い、高所から要救助者を救助する訓練の様子。

全国の機動隊に配備されている救助工作（レスキュー）車。

それがP－REXとなって実現したのだ。

●広域緊急援助隊

P－REXの話を進める前に、警察の中の救助部隊である広域緊急援助隊について説明しておこう。

広域緊急援助隊は、阪神淡路大震災を契機として創設された。都道府県警察の枠を超え、迅速かつ広域的な援助体制を確立し、警察部隊の早期派遣による応急対策を推進するため、警察庁は、平成7年6月1日に大規模災害に対する専門部隊として、全国警察に約4000人の広域緊急援助隊を発足させた。

広域緊急援助隊の出動基準は、まず被災地となった都道府県の公安委員会が、他の都道府県公安委員会に対して、警察法第60条に基づく「援助の要求」を行なう。この要求を受けた都道府県警察は、授援都道府県に必要な人員、装備資機材を派遣する。派遣された部隊は、派遣先都道府県警察本部長の指揮のもとに災害応急対策活動を実施することになる。

山梨県警 P-REX に配備されている高性能救助車。

警察は「援助の要求」に基づく派遣を頻繁(ひんぱん)に行なっている。例えば各国の要人が日本に訪れた場合や大規模なデモなど主に治安警備活動に関して都道府県の枠組みを越えて協力しあっている。よって災害時においても、「援助の要求」の要請から応援出動までの流れはスムーズに行くものと思われる。

広域緊急援助隊の出動例の一つとして平成17年4月25日に発生したＪＲ西日本福知山線列車脱線事故を見てみよう。

午前9時18分の事故発生から34分後である9時52分には大阪府警緊急援助隊に出動が指示され、10時30分頃には現着している。27日には京都府警広域緊急援助隊、28日には滋賀・奈良・和歌山各県警合同編成広域緊急援助隊がそれぞれ派遣された。

広域緊急援助隊は警備部機動隊、管区機動隊からなる警備部隊と、交通部交通機動隊、交通部高速道路交通警察隊からなる交通部隊、そし

P-REX の隊員はヘリからのリペリング降下などの高度な技術も習得している。

警視庁に編成されている機動救助隊による救助訓練。

街で目にする機会が多い警察の青白カラーリングの大型バス。

て刑事部から編成されている。交通部隊は、災害時における緊急交通路の確保や交通規制、緊急車輌の先導等を行なう。刑事部隊は、亡くなられた被災者の身元確認等や、安否情報の提供を行なう。

救出・救助作業は警備部隊の任務だ。警備部隊は、先行情報班、救出救助班、隊本部班の3班から編成されている。これに新しく加わったのが特別救助班P－REXだ。

●P－REXの詳細

P－REXは1個班約10名で構成される。班長は警部補が務めている。

P－REX専用として、高性能救助車（ウニモグ）、レスキュー車、災害用投光車の3輌が班ごとに装備されている。高性能チェーンソーやライフディテクターなど、消防ハイパーレスキューにも匹敵する救助資機材も導入された。

警察も電動カッターなどの救助資機材を多数装備するようになった。

バスが横転し、多数の死傷者が出たという想定の訓練での P-REX。

埼玉県警の水難救助車。コンテナ上にはボートを積載する。

いずれも国費での購入となっている。

すでに8都県市防災訓練や関東管区広域緊急援助隊総合訓練など日本各地で行なわれている防災訓練に積極的に参加している。

P－REXに選ばれた機動隊員たちは、レスキュー、レンジャー、スクーバ能力に秀でた者たちであるという。被災地がどのような状況であろうとも、任務を完遂するためにはいずれの能力も必要不可欠だからだ。

青を基本とし、肩などに黄色の入った活動服というスタイルは広域緊急援助隊と同じだが、彼らの被るヘルメットには黄色のラインが引かれている。この点がP－REXを見分ける特徴となっている。

P－REXになるためには、まず各都道府県警察の採用試験を受けて、警察学校に入ることから始まる。卒業後は警察署で1～2年の経験を経み、その後機動隊を希望し、選考に残らなければならない。さらにこの中から広域緊急援

倒壊家屋からの救助訓練を行う神奈川県警 P-REX。

ヘルメットに黄色いラインが入っているのが P-REX の証だ。

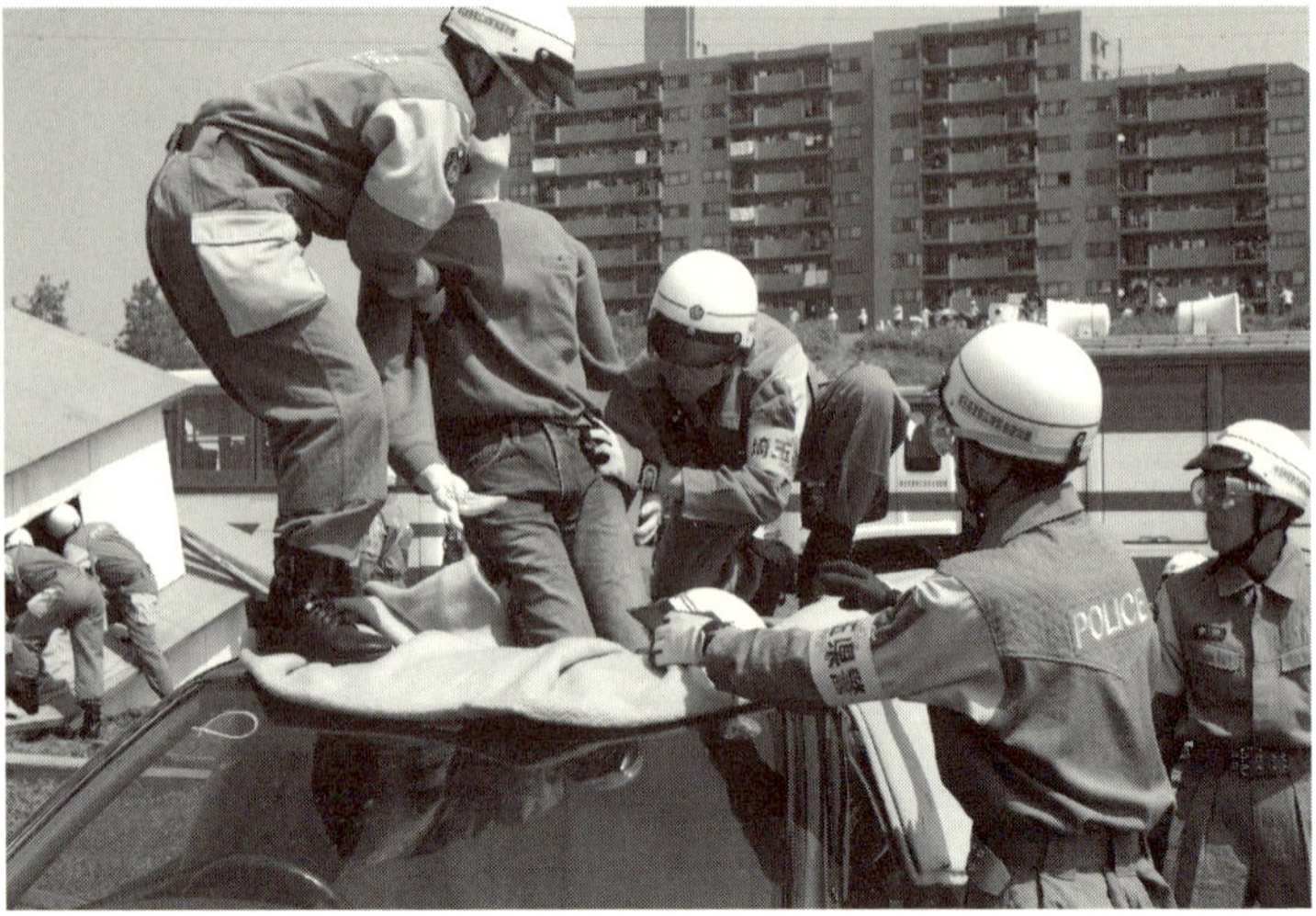

青と黄色の２色を配した広域緊急援助隊の作業服。

助隊要員に選ばれるためには努力が必要だ。

『広域緊急援助隊規定』によると「巡査部長以上の階級にある隊員にあっては、人格諸見に優れ、かつ部隊指揮及び災害警備の実務能力を有するものであること。巡査の階級にある隊員にあっては1年以上の実務経験を有し、身体強健で冷静沈着かつ機敏な者であること」とされている。

ここからさらに救出・救助活動に必要な知識・経験・体力をあわせもった者が選ばれ、初めてＰ－ＲＥＸに選ばれるというから非常に狭き門だ。

警察では年に3回、警察官の募集を行なっている。当然Ｐ－ＲＥＸのある都道府県警に応募しなければなることは出来ない。

第6章

救助の特殊部隊
ハイパーレスキュー&DMAT

菊池雅之

ヘルメットにゴーグル、ツナギにブーツを着用したDMAT医師。

●救助の特殊部隊

大規模災害に関わらず、火事や救急といった我々の生活する中で発生した危機にも対応してくれるのが消防だ。その消防の中にも〝救助の特殊部隊〟と言える存在がある。

話を進める前に、まず消防の組織に関して少し説明しておこう。

自衛隊や警察と異なり、消防を運営するのは市区町村単位となる。各自治体ごとに消防局、もしくは消防本部を有し、その下に各消防署が編成されている。そのため予算枠や装備調達などは市議会などで決める事になる。

そうなると各自治体のサイフの具合によっては、消防車や資機材などを購入することが難しく、結果消防組織を維持することが難しくなってくる場合も考えられる。そこで最近では近隣市町村で協力して運営する広域消防という形も増えてきた。これは組合方式で、協力体制を築く各市町村でお金を出し合い、1つの消防本部を構成するというものだ。

例外として東京23区と一部市をまとめた日本最大の巨大消防組織『東京消防庁』がある。東京23区は特別区であるため、他の市区町村とは異なり、23区を一つのまとまりとして考えている。そこで消防局や消防本部ではなく、〝消防庁〟と呼んでいる。規模が大きい分、他の消防局・消防本部の編成とは異なり、10個方面本部という体制となっている。

先ほど一部市が含まれていると書いた。本来ならば各市で消防本部を持つべきであるのだが、多摩市などいくつかの市は東京消防庁に消防業務を〝委託〟するという方法をとっている。

都内での NBC 対策訓練に積極的に参加する第三消防方面ハイパーレスキュー。

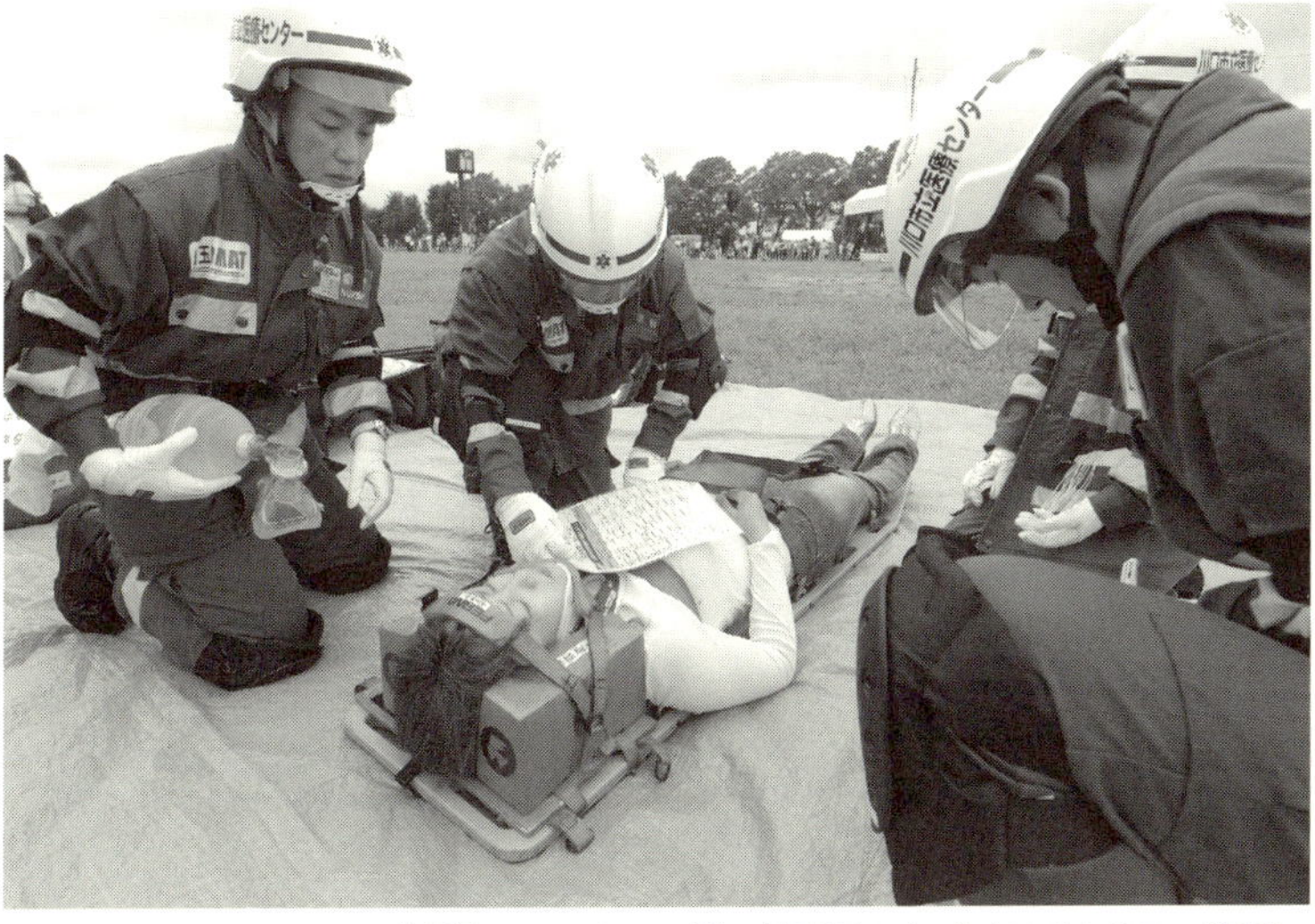

埼玉県 DMAT チーム（川口市医療センター）によるトリアージ風景。

限られた市の予算で消防組織を有するより、同じ都内に存在する巨大消防組織に頼る方がより市民の安全が図れるとの判断からだ。

では「東京都内のすべての市が委託をしているのか」と言えばそうではなく、稲城市、東久留米市、伊豆諸島の島々だけは独自に消防を持っている。

なお、総務省の外局に消防庁と呼ばれる機関があるが、これは東京消防庁とは違う組織だ。同じく〝庁〟と呼んでいるので混同されやすいが、総務省消防庁は全国を担当する〝国家消防本部〟である。

消防の仕事を簡単に説明すると、「火事」「救急」そして「救助」だ。各消防局・消防本部には、オレンジ色の出動服の隊員たちがいる。彼らがニュースなどで見聞きする救助隊だ。

この救助隊には一つのガイドラインが存在する。それが『救助隊の編成、装備及び配置の基準を定める省令（昭和61年自治省令第22号）』という消防法だ。この省令では、管轄地区の人口が10万人未満ならば、救助活動に必要最低限の装備と人員で編成した「救助隊」を配置し、人口10万人を超える場合は「特別救助隊」を配置することと明記されている。この区別は救助用資機材や救助隊員の人数の違いとなる。

東京消防庁は特別救助隊よりもさらに優れた「ハイパーレスキュー」という部隊を全国で初めて作った。これは東京消防庁が独自に設けた救助強化部隊である。平成16年の新潟中越地震においては、土砂に埋没した車両から幼児を救助するため、「ハイパーレスキュー」が出動し

エンジンカッターを使い、車の扉をこじ開けようとしている。

埋没車両を持ち上げてから救助しようとするハイパーレスキュー。

たことで広く国民に知れ渡った部隊である。

当時あの状況から幼児を救出できる資機材を保有していたのは、自衛隊でも警察でもなく「ハイパーレスキュー」のみであった。この活躍を受けて、「ハイパーレスキュー」に準ずる技術と資機材を有した部隊を創設しようとの動きが全国に広がっていく。

この動きを受けて、平成18年4月1日から施行された省令で、さらに高度な救助が行なえる「高度救助隊」と「特別高度救助隊」を創設するための新たな基準を設けた。

中核市の消防本部には「高度救助隊」を配置し、政令指定都市には「特別高度救助隊」を配置する。これにより4段構えの救助体制が敷かれることになった。

現在〝救助の特殊部隊〟であるハイパーレスキューは、全国に18個部隊存在する。それは以下の通り。

○札幌市消防局・特別高度救助隊
『スーパー・レスキュー・サッポロ』

○仙台市消防局・特別機動救助隊
『スーパーレスキュー仙台』

○新潟市消防局・特別高度救助隊

ハイパーレスキューの秘密兵器、リモート式放水ロボ・デュアルファイタードラゴン。

ハイパーレスキューと連携する東京 DMAT チーム。

特殊災害対策車（CS1）。車内を陽圧することで、汚染された劇毒物が中に入ってくるのを防ぐ。

『SART（サート）』

○千葉市消防局・特別高度救助隊
『緑特別救助隊』

○さいたま市消防局・特別高度救助隊
『さいたまブレイブハート』

○東京消防庁・消防救助機動部隊
『ハイパーレスキュー』

○川崎市消防局・特別高度救助隊
『スーパーレスキュー太助』

○横浜市安全管理局・機動救助隊
『スーパーレンジャー』

○静岡市消防防災局・追手町特別高度救助隊
『静岡スーパーレスキュー』

埼玉市消防局の特別高度救助隊「さいたまブレイブハート」。

東京消防庁の除染車。完全個室型のシャワールームタイプ。

○浜松市消防本部・特別高度救助隊
『浜松ハイパーレスキュー』

○名古屋市消防局・特別消防隊
『ハイパーレスキューNAGOYA』

○京都市消防局・本部指揮救助隊
『スーパーコマンドレスキューチーム』

○大阪市消防局・特殊災害機動部隊
『AR（エアーレスキュー）』
『BR（ビッグアーバンレスキュー）』
『CR（ケミカルリレイテッドレスキュー）』

○堺市高石市消防組合消防本部・指揮隊救助担当
『フェニックスレスキュー』

○神戸市消防局・特別高度救助隊
『スーパーイーグルこうべ』

倒壊家屋からの救助訓練を行う「さいたまブレイブハート」。

土砂により埋没した車両を掘り起こすハイパーレスキューの重機。

○広島市消防局・特別高度救助隊
『広島市大手救助隊』
○福岡市消防局・特別救助隊
『室見特別救助隊』
○北九州市消防局・特別高度救助隊／特別高度化学救助隊
『ハイパーレスキュー北九州』

特別高度救助隊こそが、大規模災害から我々を守る特殊部隊と言ってもいいだろう。加えて化学兵器により被害を受けた要救助者救助にも対処できることから、近年懸念（けねん）されるテロ対策にも欠かせない存在となった。国民保護訓練などを通じ、自衛隊や警察との合同訓練の機会も増えており、頼もしい限りだ。

すべての特別高度救助隊の模範となった東京消防庁のハイパーレスキューは、現在、第2方面本部、第3方面本部、第6方面本部、第8方面本部に4つの部隊が存在している。第3方面本部のハイパーレスキュー隊がNBC対処専門部隊で、第2、第8方面本部ハイパーレスキュー隊が震災対処部隊、第6方面本部ハイパーレスキュー隊が震災対処・水害対処部隊と任務分けされている。国民保護訓練などで自衛隊や警察とNBC対処合同訓練を繰り広げているのは第3方面本部ハイパーレスキュー隊である。

札幌市消防局の特別高度救助隊『スーパーレスキューサッポロ（SRS）』。

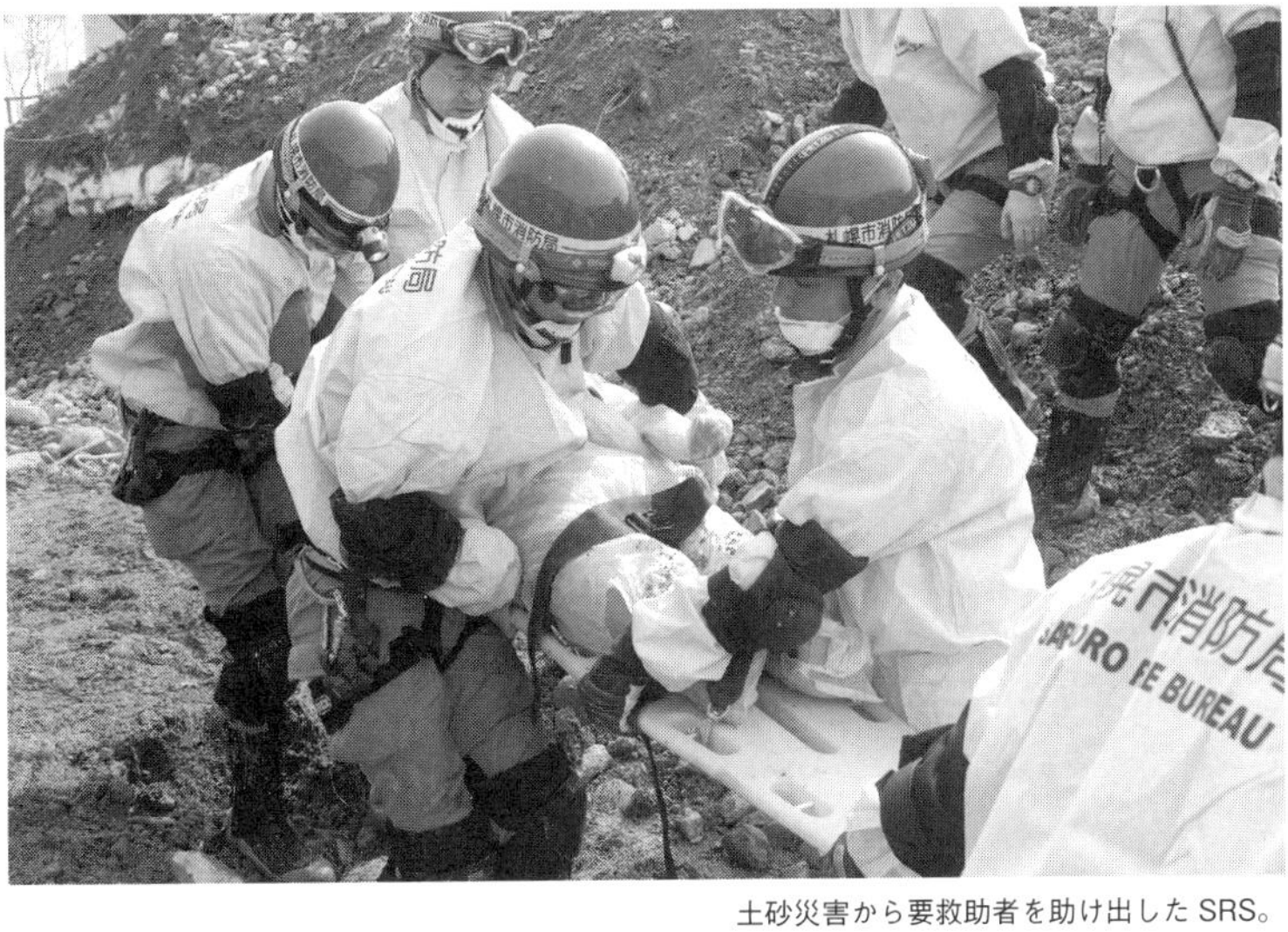

土砂災害から要救助者を助け出したSRS。

●医師・看護士の特殊部隊

大規模災害やテロなどにより、大量の要救助者が発生した場合に対処するのが、医師・看護士らによる「DMAT」と呼ばれる特別チームだ。DMATとは、Disaster Medical Assistance Team（災害医療チーム）のそれぞれの頭文字をとった名称で、アメリカで誕生した。

それまでは救助隊が要救助者を助け出し、救急車に乗せて医療機関へと運び、そこで医師が治療するという流れであった。だが搬送にかかるタイムラグにより本来ならば助かるはずだった命が失われてしまう可能性がある。

そこで一刻でも早い医療活動が行なえるように、医師と看護士が災害現場まで直接出向いて、ひとまず応急処置を施そうというのがDMATの目的だ。

平成13年に日本版DMAT構想が提案された。そして平成16年に東京でDMATが誕生。その後全国で続々と増えている。DMATは専用のツナギにブーツ、ヘルメットを着用。ツナギには、東京都ならば「東京DMAT」、神奈川県ならば「神奈川DMAT」と明記する。

現場でDMATの医師らは、助け出された要救助者をトリアージする。これは治療の優先順位を決めるためのもので、当然緊急に治療の必要な人から選び出し、現場で応急手当をし、医療機関へと搬送する。例え意識があっても、助かる見込みがないと判断されれば、治療や搬送は行なわれないというなかなか厳しい判断でもある。

DMATは、救助隊とともに瓦礫（がれき）に入り、要救助者の容態を確認するような活動も行なう。

神奈川県警 P−REX と共に瓦礫内に入る神奈川 DMAT チーム。

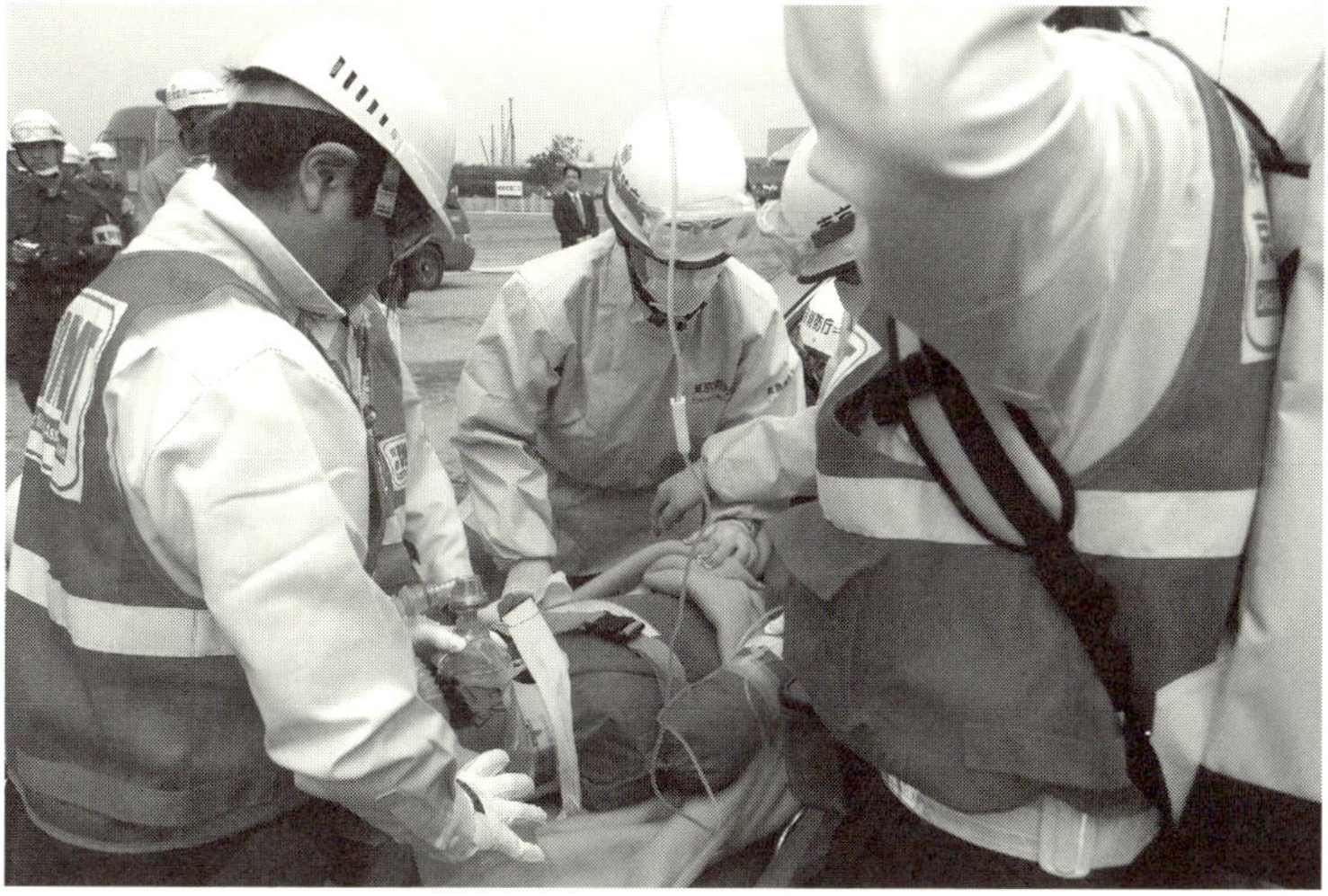

救助された要救助者に応急処置を施し搬送する東京 DMAT チーム。

そのために彼らはツナギを着用しているのだ。ＤＭＡＴによっては肘（ひじ）あてや膝（ひざ）あてをつけるなど、我々の抱く医師というイメージからは到底離れた姿をしているところもある。

倒壊家屋の下敷きになっている人を救助するにあたり、医師の観点から、その救助方法を各救助部隊にアドバイスすることもある。一昔前の救助といえば、とにかく一刻も早く障害になっている瓦礫などを除去して助け出す、といったものであった。

だが最近になり、闇雲に助け出すことの危険性を問題視する声が高くなっている。それが『クラッシュシンドローム』である。一般にはまだまだ聞きなれない言葉であるが、すでに救助の現場では常識となっている重要なキーワードだ。

長時間に渡り、家屋や瓦礫、土砂などの重量物の下敷きになっていると、その部位は圧迫され、筋組織等が損傷を受ける事になる。この状態から、早く助け出したいと思うばかりに、その重量物を一気に除去してしまうと、体中に一気に血液が流れることになる。

それにより、損傷を受けた筋組織などから出た毒素も体に流れる事になり、これが原因でショック死などを引き起こすことをクラッシュシンドロームと呼ぶのだ。

救助するのは当たり前。次にその要救助者が被災前と変わらぬ生活を送るために、時間をかけて慎重に救助することが求められているのだ。そのためにＤＭＡＴは存在する。

戦う医師・看護士たちも救助現場にはなくてはならない存在となっているのだ。

第７章

海上保安庁のテロ対策部隊

柿谷哲也

海上保安庁はテロ対策のために 11 個の特別警備隊と一つの特殊警備隊を編成し、国土の 11 倍もある領海とＥＥＺを守っている。

●国土の12倍の面積を担当する海上保安庁

海に国境を持つ国には必ず、海洋警備機関が存在する。国家の規模にもよるが、先進国や領海や広い国や他国が隣接している国などは海軍と沿岸警備隊を備え、それに加えて沿岸部や港湾を警備する水上警察、水産に関わる海上法執行機関も持つ国がある。その反面、小国や予算の少ない国は陸上の警察機関の水上部門しか整備できていない国もある。

日本の場合、領海、接続水域、排他的経済水域を合わせた、領土の約12倍の４４７万平方キロメートルを海上警備機関が担当しており、海上で警備を行なう機関としては、海上自衛隊、海上保安庁、警視庁・警察庁の水上警察があり、この他に法執行を伴う取締りを行なう機関に水産庁や税関がある。警察や水産庁、税関は港湾や沿岸部、領海内での活動が主であるが、海上保安庁は排他的経済水域も担当区域としている。

海上保安庁は国土交通省に所属しており、全国を11の管区に分け、それぞれに海上保安本部と巡視船艇及び航空機を配置している。船艇は約５００隻、航空機は約80機を保有し、職員は約１２，３００名となっている。

役割は海難救助や船舶火災（港湾に隣接する施設の火災にも対応する）、急患輸送などを行なう海難救助業務、燈台の設置や管理、航行支援システムの整備、航路情報提供などの海上の交通業務、海図の作成や海洋調査などを行なう海洋情報業務、そして海上や港湾における犯罪捜査、警備などの治安維持を行なう警備業務などがある。

治安維持の目的として、国際テロ集団、過激な環境保護団体を含む非政府組織、国内の過激

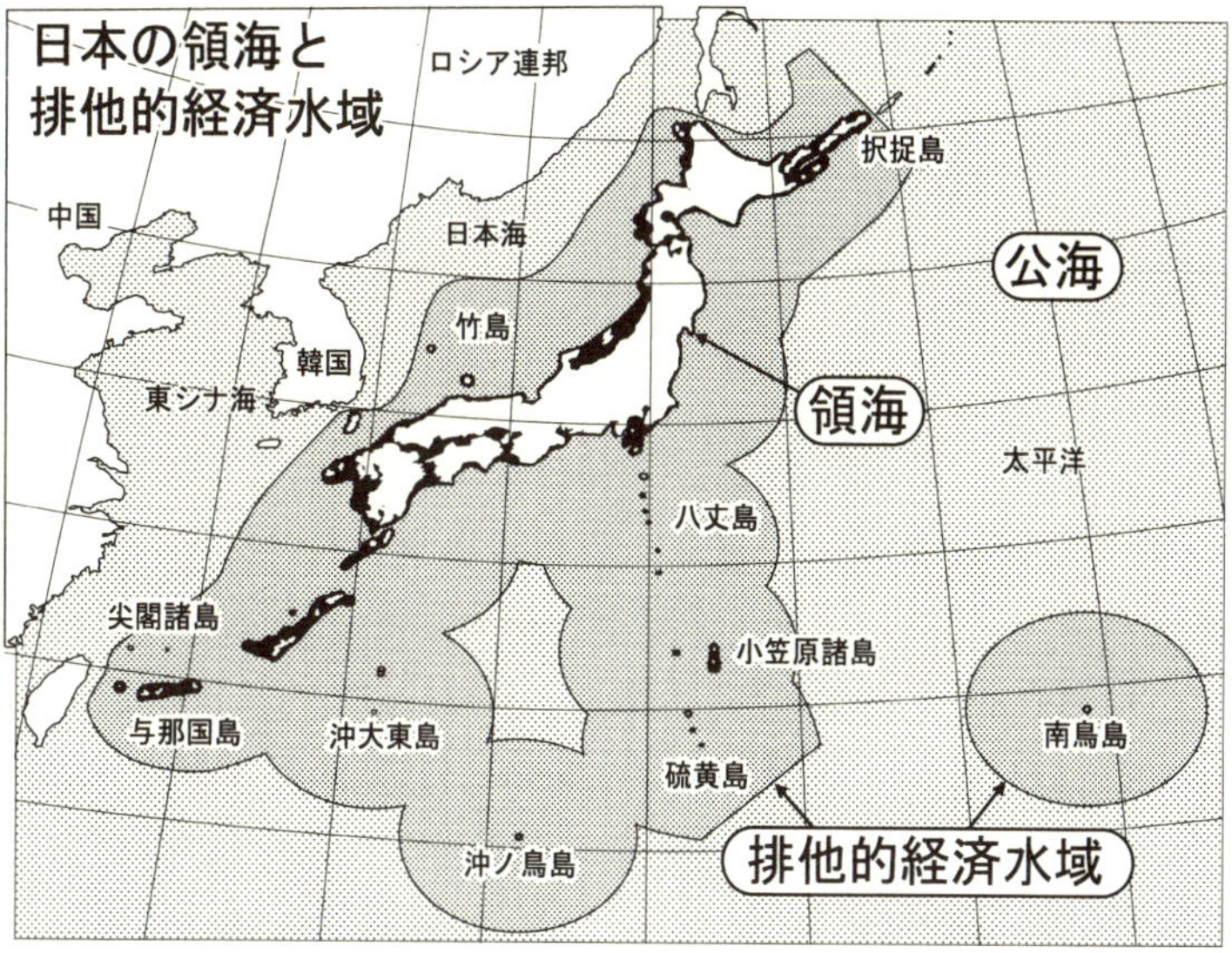
日本の領海と
排他的経済水域
ロシア連邦
択捉島
中国
日本海
公海
竹島
韓国
東シナ海
領海
太平洋
八丈島
尖閣諸島
小笠原諸島
与那国島
沖大東島
硫黄島
南鳥島
沖ノ鳥島
排他的経済水域

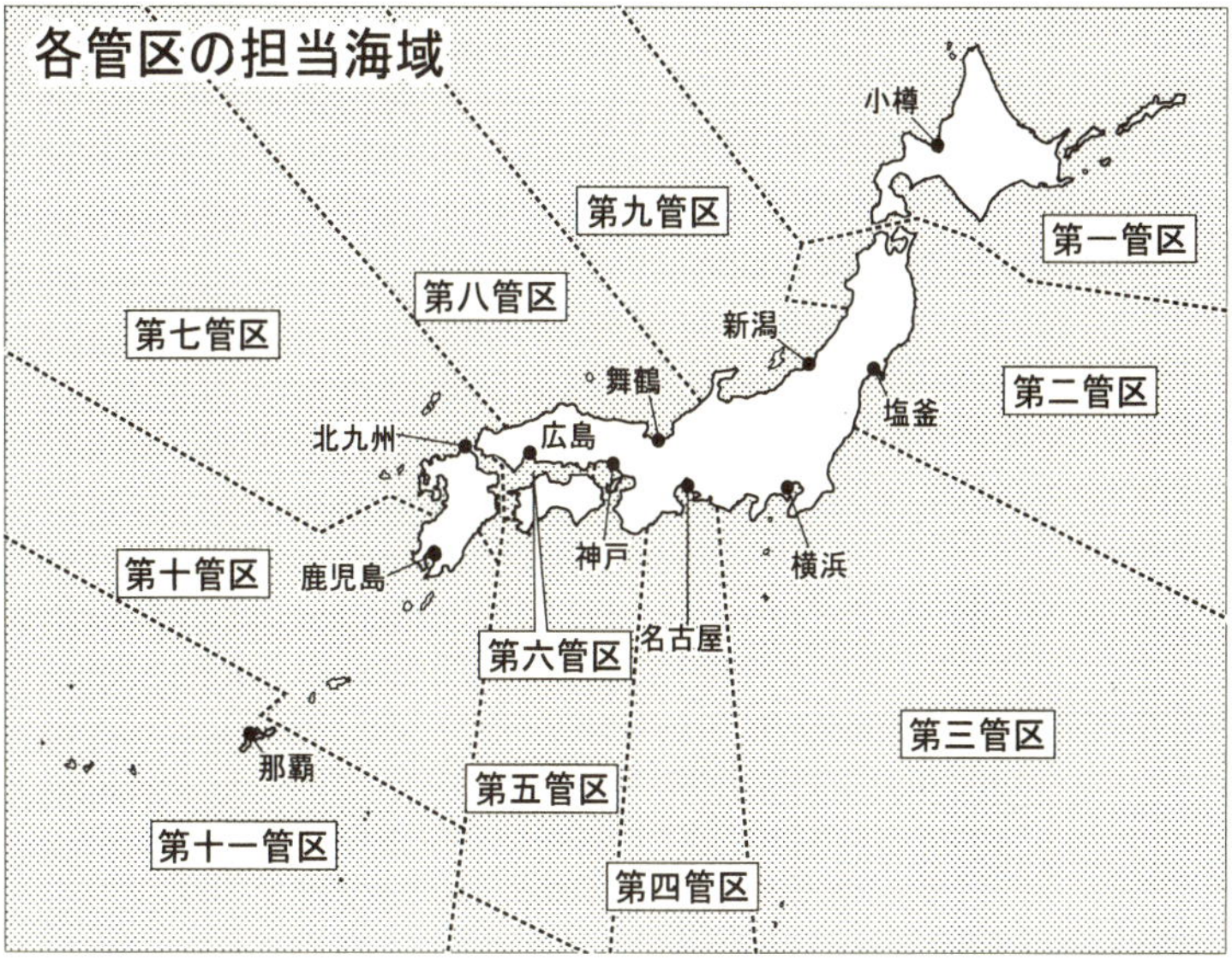
各管区の担当海域
小樽
第九管区
第一管区
第八管区
第七管区
新潟
舞鶴
第二管区
塩釜
北九州
広島
神戸
横浜
第十管区
鹿児島
第六管区
名古屋
第三管区
那覇
第五管区
第十一管区
第四管区

派など、あらゆる組織の犯罪やテロ行為に対応することとしている。また、その目的ための組織づくりと装備、運用能力を維持、向上させることが必要とされている。

基本理念に「海上警備の特色に考慮した装備の充実」「警備技術に基づく訓練」「民間との協力体制の確立」を掲げており、特に、平成11年3月に発生した能登半島沖不審船事案を教訓に新型の巡視船艇が建造され、また、高度な知識及び技術をもって対処する必要のある特殊な警備事案に対処するために特殊部隊の航空機動力の強化も図られるなど急速な装備の充実化が図られている最中である。

●海上保安庁の特殊部隊

海上保安庁には警察でいうところの機動隊に相当する特別警備隊（特警隊）と特殊部隊ＳＡＴに相当する特殊部隊である特殊警備隊（ＳＳＴ：Special Security Team）がある。特警隊は全国の各管区の巡視船に配置されているが、ＳＳＴは特警隊のようにすべての管区に配置されているわけではなく、第5管区内にある大阪特殊警備基地のみにＳＳＴが配備されている。

ＳＳＴは海上で起きるテロや不審船への対応など特殊な警備事案を高度な知識と技術で、迅速かつ的確に対処する。そのための装備や訓練、研究を実施しており、24時間体制で海上における特殊警備事案の発生に備えている。

対応する任務は、テロリスト情報に基づいた空港、原子力関連施設、在日米軍施設などを警

海上保安庁組織図

海上保安庁の定員：12,324人（平成19年3月31日現在）

- 長官
  - 次長
  - 警備救難監
  - 内部部局（1,059人）
    - 首席監察官（7人）
    - 交通部（149人）
    - 海洋情報部（420人）
    - 警備救難部（182人）
    - 装備技術部（83人）
    - 総務部（218人）― 参事官
  - 地方支分部局（10,738人）
    - 管区海上保安本部（第一～第十一）
      - 本部の事務所
        - 海上保安（監）部(68)
        - 海上保安航空基地(1)
        - 海上保安署(62)
        - 情報通信管理センター(11)
        - 海上交通センター(7)
        - 航空整備管理センター(1)
        - 国際組織犯罪対策基地(1)
        - 航空基地(13)
        - 特殊警備基地(1) ― 特殊警備隊（SST）
        - 特殊救難基地(1)
        - 機動救難基地(5)
        - 水路観測所(2)
        - ロランセンター(1)
        - 航路標識事務所(2)
  - 施設等機関（524人）
    - 海上保安大学校
    - 海上保安学校
      - 門司分校
      - 宮城分校

備や、東南アジアを含む日本近海で発生した船舶のシージャックに対する出動、大量破壊兵器の輸送情報に基づいた船舶立入検査、海賊事案対処などが主な任務である。

また、対象となる相手が特警隊の対処能力を超えるような、武器を保有していたり、船内での人質事件、サリンなど有毒ガスを使用した事件に対応する。このほか、東南アジアの海上警備機関の部隊と共同対処訓練や技術指導も行なっている。

ＳＳＴは事案に対処するための、銃火器を携行して任務に挑んでおり、そのいくつかは特警隊では装備していないＳＳＴ専用の装備である。装備する主な銃火器は、サブマシンガンとしては世界で最も信頼され、各国の軍や警察の特殊部隊やエリート部隊が使用するドイツＨ＆Ｋ社のＭＰ－５シリーズ・サブマシンガンがある。

ＭＰ－５は９㎜パラベラム弾を使用する短機関銃で、携行性に優れた小型の機関銃のため船内などの狭い場所でも、制圧や警備に適している。

日本では、他に警察の特殊部隊や銃器対策部隊が使用している。陸上自衛隊と海上自衛隊が装備する、豊和工業社製89式自動小銃も装備している。89式自動小銃には銃床（ストック）を折り畳めることができる、折り畳み式と畳むことができない固定式銃床の2種類があり、いずれも装備している。

折り畳み式は陸上自衛隊の空挺部隊向けに開発され、現在では陸上自衛隊の特殊部隊である特殊作戦群と海上自衛隊の特殊部隊である特別警備隊で使用している。

拳銃はＳＩＧ ＳＡＵＥＲ社Ｐ２２８自動拳銃を装備している。Ｐ２２８もやはり、世界の特殊部隊やエリート部隊で使用している小型で能力の高い拳銃である。この他、狙撃用のライ

日本にはアメリカ軍の基地があり、海上保安庁は米軍に対するテロの警備も行なう。写真は2007年佐世保にて空母リンカーンを警備する巡視艇。

フルや、突入時に使用する音響閃光弾も装備する。

SSTの本拠地である大阪特殊警備基地には海上保安庁唯一の警備専用艇（他の巡視船等は救難任務を兼務している）排水量7・9トンの警備艇「はやて」GS01と「いなずま」GS02があり、2隻とも関西空港警備を目的として配備されているがSSTの急襲訓練にも使用されているようだ。

他に移送可能なゾディアックやRIBなどのボートや水中スクーターなど、船舶に移乗するためのビークルがあるようだ。また、NBC環境下における事案に対処できるように化学防護服などを装備していており、任務が多岐にわたっていることが伺える。

SSTの訓練は洋上の巡視船艇や、陸上では横浜防災基地屋内射撃場などの海上保安庁の射撃場などを使用するほか、警視庁の射撃場、陸上自衛隊の演習場を借りて訓練が行なわれている。また、過去には陸上自衛隊のレンジャー研修があった。

ＳＳＴの技術に空挺能力の有無が話題になるが、これはレンジャー研修に含まれていた空挺体験が、話題の発端になっているものと思われる。軍事技術の側面から見て、継続しない訓練は、保有する能力にはなり得ない。したがって、ＳＳＴにはパラシュート降下技術の能力はないと断言できる。

海外では、日本周辺国の海上警備機関の特殊部隊と合同で訓練を行なうことがあり、これまで、韓国特攻撃隊（ＳＳＡＴ）、シンガポール、マレーシア、ブルネイ、フィリピンの特殊部隊と訓練を行なった他、インド沿岸警備隊と訓練をしている。しかし、同様の訓練は２００５年以降行なわれておらず、これは国内での警備や訓練が多忙になっているからといわれる。

ＳＳＴ設立の背景には関西空港建設の警備とプルトニウム輸送警備の二つがあった。昭和60（１９８５）年度予算の職員増員と海上警察力の充実を受けて、関西国際空港対策として、昭和60年10月１日、第５管区海上保安本部に２名、岸和田保安署内に９名（１小隊　隊長以下８名）の警備実施専門部隊としては初めての関西国際空港海上警備隊（海警隊）が設立された。

こうした警備専門部隊が必要になったのは、極左暴力団などが成田空港建設を妨害したように関西空港に対してもテロ・ゲリラ行為が予測されたためだった。

海警隊の訓練は第５管区の巡視船艇を使うほか、大阪府警第１機動隊の協力で同隊の訓練施設でも行なわれた。海警隊の装備は特警隊と同じ、ニューナンブ、Ｓ＆Ｗ社Ｍ19を使用。ヘル

海上保安庁は大量破壊兵器の不拡散の世界的な枠組みＰＳＩにおいても重要な機関であり、第1回目の多国籍訓練では主力となった。写真はＰＳＩ訓練で容疑船を追跡する巡視船「しきしま」

メットや盾も特警隊と同様のものを使用していた。

１９８７年10月には計17名に増強され、第２小隊が組めるようになり、さらに岸和田港合同庁舎の南側に２階建て延べ３８８平方メートルの隊舎と警備艇専用栈橋を完成。この栈橋に２隻の警備艇「はやて」「いなづま」が配備された。なお、この年の８月には空港建設作業船が極左暴力団に爆破される事件が発生している。

１９９２年に日本は原子力発電所に使用する核燃料を増殖する施設に使うプルトニウムを、フランスから日本に輸送することになった。輸送に使われる専用輸送船には、「武装護衛官による警備」が必要であると日米両政府が定めたプルトニウム海上輸送ガイドラインにあり、そのために新たに警備専門部隊が必要になり、警乗隊を創設した。

警乗隊の任務は外国の武装組織のよるプルト

海上保安庁はその性格上、対応する事案が船上であり、限られた船内スペースで相手を制圧しなければならない。

ニウムの略奪を想定しているので、高度な警備技術が必要になる。そのため、日本国内において数週間にわたってアメリカ海軍特殊部隊ＳＥＡＬｓによる教育を受けた。

１９９６年には海警隊と警乗隊の二つの部隊を統合して特殊警備隊ＳＳＴが設立された。現在は第１から第７までの特殊警備隊があり、統括隊長（一等海上保安正）以下１隊８名（隊長は二等海上保安正、副隊長は三等海上保安正）があり、一部の部隊には救急救命士の資格取得者、各隊には爆発物など危険物取扱資格取得者が含まれている。

また７隊のうち、２隊は専門分野のある爆発物処理と化学防護の能力がある部隊である。また部隊が所在する大阪特殊警備基地には、二等海上保安監の基地長ほか数名の職員がいる。

ＳＳＴの特徴は他の部隊にない高度な技術を持っていることである。ひとつには容疑船舶へ

98年の観閲式の展示訓練で容疑船に降下する「対処部隊」

の対処で最も難しい技術である該船への移乗（ボーディング）である。ボーディングには小型艇からのボーディングとヘリコプターからのボーディングの二つの方法がある。

ヘリコプターのボーディングは難度の低い順に、「甲板への着船」「ホイストによる降下」「ラペリング（ザイル）による降下」「ファストロープによる降下」があり、SSTは最も高度なファストロープ降下を行なう技術がある。

ファストロープは一度に多くの隊員を降ろすことができるが、隊員の腕の握力だけで降下する危険な降下であり、熟練が必須である。もうひとつのボーディングの方法に水中からの該船に乗り込む方法がある。

SSTは水中でも泡の出ない、クローズサーキット式潜水具と呼ばれる、海軍特殊部隊などが使う潜水具や、水中を航走する水中スクーターも装備していると言われている。

その任務上、秘匿性が高いのもSSTの特徴

日韓の訓練で暴風雨の中、ヘリからラペリング降下するＳＳＴ隊員。

日韓合同テロ対策訓練で容疑船内を制圧した直後のＳＳＴの姿。

といえるだろう。海上保安庁はそもそも対外的に「ＳＳＴ」という名称を使っていない。海上保安白書や報道資料、プレスリリースでも「ＳＴ」という言葉を文書に示したことはない。

白書では「特殊警備隊」と正式名称を使い、プレスリリースなどでは一度だけ「特殊部隊」と明記したことがあった。外国向けのプレスリリースでは「Special Boarding Team」などを使っている。ただし、海上保安庁内では「特殊警備隊」と呼ばずに「ＳＳＴ」という呼称をそのまま使っている。

つぎに、これまで海上保安庁の特殊部隊、「海警隊」「警乗隊」「ＳＳＴ」の活動の歴史を見てみよう。

●特殊警備事案に対処した例

プルトニウム輸送船「晴新丸」警乗

１９８６年10月、前年にフランスに依頼した使用済み核燃料の再処理によって回収した、高速増殖炉の研究炉「常陽」（茨城県東海村）の取替燃料にするための二酸化プルトニウム２８０kgを専用輸送船「晴新丸」（1万4千トン）によって日本まで輸送した。

科学技術庁は海上保安庁に輸送の警備を依頼し、10月5日フランス・シェルブール港を出港した「晴新丸」には海上保安庁警備救難部に所属する4名の職員が64式自動小銃などの火器を携行して警乗した。

輸送船を護衛するために、プルトニウム輸出国のフランス海軍フリゲイトが交替で大西洋からパナマ運河を経由して太平洋海域まで護衛し、日本近海で海上保安庁の巡視船が警備を引き継いだ。

11月15日午前2時「晴新丸」は約40日間を無寄港で無事に東京港第13埠頭に到着している。この件は武装した海上保安官が警乗した例として知られている最も古い事案として知られているが、輸送当時は海上保安官が警乗していたことは知らされていなかった。この事案は「あかつき丸」によるプルトニウム輸送の警備の参考になっている。

ラペリングの降下直後、周辺への警戒態勢にはいるＳＳＴ隊員。

インドとの合同訓練で甲板のヘリコプターに向かうＳＳＴ隊員。

ソウル・オリンピック警戒

１９８７年11月の北朝鮮による大韓航空機爆破事件が、１９８８年に韓国ソウルで開催されるソウル・オリンピック妨害のテロだった可能性が高まり、再び北朝鮮によってテロが起きることが懸念された。

そのため海上保安庁はオリンピック関連に対するテロを警戒するために、１９８８年4月1日にオリンピック関連安全対策室を警備救難部に発足した。テロ対策として、北朝鮮不審船が出没する可能性がある海域に巡視船や航空機による警戒監視を強化し、日韓のカーフェリーの航路警戒等の対策を強化することになった。

6月の日韓連絡協議会では、テロ対策に日韓航路の船舶に対して警乗を行なう取り決めが加わった。下関－プサン間の週6便と、大阪－プサンの週2便、さらに臨時旅客船15隻に対する警乗が行なわれることになり、日本船籍のカーフェリーは海上保安庁が担当、韓国船籍のカーフェリーは韓国海洋警察が担当することになった。

これとは別に、7月1日からヘリコプター搭載巡視船によるカーフェリーの警護が始まった。9月1日には対策室の名称を警備中央対策本部に変更し、同日、第7管区海上保安本部にはソウル五輪関連警備対策本部が発足し、対策本部70名（本部要員や検索班）と20名の警乗隊が編成された。

編成された警乗隊の服装は通常の制服と、回転式拳銃の携行。警乗は9月1日から始まった。第7管区の警乗隊に加えて海警隊から選抜された数名も警乗に加わり、オリンピックが終了す

貨物船ＥＢキャリアにホイストで降下するシーン。（海上保安庁ＨＰから）

るまで続けられた。

ＥＢキャリア事件

1989年（平成元年）8月13日午後、沖縄南方を航行中のパナマ船籍の鉱石運搬船ＥＢＣＡＲＲＩＥＲ（イギリス人乗組員5人、フィリピン人乗組員34人、排水量８６，０９８トン）船内で暴動が発生した。暴動は飲酒した8人のフィリピン人船員が、機関室に入りエンジンを止め、船長を含む5人のイギリス人を船長室に監禁し、労働時間や食事の処遇など労働条件の改善などを理由にナイフで脅迫していた。

生命の危険を感じたイギリス人船員が、午後5時頃、沖縄本島南南西３２６kmからインマルサット（衛星電話）で海上保安庁（本庁）にヘリコプターによる救助を要請した。

第11管区海上保安本部と門司、鹿児島海上保安部などからは巡視船7隻、航空機5機を出動させた。現場に到着した航空機と巡視船はEB CARRIERに対して無線連絡を行ない、周辺から警戒監視を行なった。翌14日午前7時に在沖縄フィリピン領事を乗せた海上保安庁のYS−11で現場上空に到着し説得を行なった。

伊丹空港からYS−11で那覇空港に到着した海警隊はベル212に乗り換え、那覇を離陸。11時頃、EB CARRIERの甲板にホイストによる降下で移乗を行ない、ブリッジを制圧。第11管区の海上保安官も合わせると19名がEB CARRIERに乗船、船内を完全に制圧し、事態を鎮静化した。

乗員から聴取し、説得を行なったが話し合いがつかないため、那覇港に入港して、双方が話し合いを持つことで合意。海警隊の移乗から5時間が経過した頃、EB CARRIERは海警隊を乗せたまま現場海域から沖縄に向けて航行を始めた。

プルトニウム輸送船「あかつき丸」警乗

高速増殖炉「もんじゅ」の取り換え用燃料に必要なプルトニウムは日本が使用済み核燃料をフランスの企業機に持ち込み、ここでプルトニウムに再処理される。そして、再処理済みプルトニウムを日本に輸送することになった。

プルトニウムは核兵器製造には欠かせない物質であり、また、製造技術がないテロ組織にとっても、目的ための取引や自爆テロの材料になるだけにアメリカ政府が輸送には輸送に万全な警備を求めてきた。輸送は日米原子力協定に基づくもので、当初この協定には航空機による輸送が定められていたが、経由地のアラスカ州の法律で航空輸送が難しくなり、海上輸送のガイドラインを新たに追加した。

　これを受けて、輸送に使われる専用輸送船は英仏の企業が保有する「パシフィック・ピンテール」（４，８００トン）を日本企業が購入し、日本船籍を登録した「あかつき丸」で行なわれることになった。

　輸送されるプルトニウムは１・７トンで、専用容器と欺瞞（ぎまん）用のダミー容器とともに特別な処理が施された船倉に積まれて輸送されることになった。

　しかし、輸送船の警備を担当する組織をどうするかが日米両政府や国会内で問題になり、海上自衛隊の護衛艦を使うのか、海上保安庁の巡視船を使うのかで意見が分かれた。当時保有している最大のＰＬＨ型巡視船でも、もっとも小型の護衛艦より搭載武器が少なく、アメリカ政府は海上自衛隊に警備を任せることを勧めた。

　しかし、海上自衛隊が海外で警備活動を行なうには法的な問題を解決する必要があり、また、輸送船は無寄港での航海が前提だった。消費燃料の多い護衛艦のタービン・エンジンのために、２隻以上の補給艦が必要になるなど障害もあった。

　海上保安庁派遣は国際法、国内法に照らせても、警備に法的な不備はなく、ヘリコプター２機搭載型ＰＬＨ巡視船「しきしま」を新たに建造することで問題は解決するとされ、警備は海上保安庁が担当することが決まった。

　海上輸送ガイドラインには「武装護衛官による警備」が明記されており、海上保安官が武器を携行して「あかつき丸」に警乗する必要があった。

海上保安庁は、新たに警乗隊を創設することで輸送警備に備えた。アメリカは自衛隊や海上保安庁の武器使用の制約が多いことや、交戦規定があいまいなところが多いとして、日本との協議に2年も費やした。

1992年8月「あかつき丸」は13名の警乗隊を乗せ、横浜港を出港。警乗隊は「あかつき丸」船内で警備訓練を続けながら、フランス海軍シェルブール基地に向かった。

11月3日「あかつき丸」はシェルブール基地に入港。「しきしま」は沖止めで停泊し、接岸は行なわれなかった。「あかつき丸」には二酸化プルトニウム粉末1・7トン（内プルトニウムそのものは1・5トン、さらにこの内の核分裂性プルトニウムは1・1トン）を搭載した。

11月7日シェルブール出港の翌日、ブリュターニュ半島北方で「あかつき丸」の右舷後方約1マイルを航行中の「しきしま」に国際環境保護団体「グリーンピース」の抗議船「ソロ」が並走し始め、「しきしま」は汽笛で注意喚起を行なったが、「ソロ」は2度にわたって船首を「しきしま」の右舷後部にぶつけてきた。「ソロ」は「あかつき丸」には危害を加えなかったが、秘匿（ひとく）していた「あかつき丸」の位置情報を逐次公表するなど、間接的な妨害は続いた。

「あかつき丸」と「しきしま」は大西洋を南下、出港前は南米ホーン岬を経由するという情報が流れたが、実際には東航路を選択し、南アフリカ喜望峰を回って、インド洋南方を東に航行。オーストラリア南岸を経由して、タスマン海、太平洋を回って1993年1月5日、東海港に到着した。距離2万2929㎞であった。「あかつき丸」からプルトニウム容器とダミー容器を降ろし、横浜港に回航したところで警乗隊の5か月に渡る任務は終了した。

尖閣諸島における中国と台湾の抗議船に対処する海上保安庁。
（海上保安庁ＨＰから）

密航船中国に対処するシーン。（海上保安庁ＨＰから）

尖閣諸島抗議船対処

１９９６年９月、台湾と香港の活動家が尖閣諸島に領有権の主張を行なうために上陸する計画の情報があり、海上保安庁は上陸を阻止するために巡視船艇を派遣した。巡視船「しきしま」が指揮船となり、第11管区海上保安部を中心とした複数の巡視船艇が尖閣諸島に集結した。10月７日、台湾、香港、マカオの活動家と報道関係者が乗船した複数の活動家が漁船など45隻をチャーターして、日本の領海に接近してきたため、すべての巡視船から警備救難艇を発進させた。抗議船が領海内に侵入したため、警備救難艇は抗議船の前方をふさいで行く手を阻むが、抗議船からの投てき行為の最中、数名の抗議者が魚釣島に上陸し、中国と台湾の国旗を掲げた。「しきしま」搭載の警備艇が魚釣島の岩場に接岸し、海上保安官を上陸させたため、抗議者は退散し、抗議船に泳いで戻り、抗議船も台湾方面に引き返した。

当初、抗議団体が、武器を保有している可能性があったため、「しきしま」には特殊警備隊（ＳＳＴ）隊員数名が乗船し、魚釣島周辺では「しきしま」搭載の警備艇と搭載ヘリコプターのスーパー・ピューマに分乗して警備に当たった。

能登半島沖不審船事案

１９９９年（平成11年）３月23日午前６時42分、海上自衛隊のＰ－３Ｃ哨戒機が佐渡島西方の領海内に「第１大西丸」を発見。９時25分には能登半島東方沖に「第２大和丸」を発見。連絡を受けた海上保安庁が調査した結果、「第2大和丸」は兵庫県沖にいることが判明。「第１大西丸」は平成６年に船籍が抹消されていることがわかった。

海上保安庁はヘリコプター搭載型巡視船「ちくぜん」、ＰＭ型巡視船「さど」、ＰＣ型巡視艇「はまゆき」「なおづき」、新潟航空基地のＳ－76Ｃヘリコプターを出動させた。特殊警備隊（ＳＳＴ）は関西国際空港からヘリコプターで「ちくぜん」に到着、船内で待機していた。

不審船上空に到達したＳ－76Ｃからは無線による停船命令を出したが、応答せず逃走を続けた。そのため、「第2大和丸」に対して、午後8時から9時3分まで、巡視船「ちくぜん」が20㎜機関砲で50発の威嚇（いかく）射撃を実施。「第1大西丸」に対して巡視艇「はまゆき」は20㎜機関砲で１３５発の威嚇射撃を行ない、巡視艇「なおづき」が64式自動小銃によって１０５０発の威嚇射撃を行なった。

威嚇射撃は8時31分から9時25分まで行なった。海上保安庁が警告射撃を行なったのは昭和28年のソ連船ラズエズイノ事件以来となった。

2隻の不審船に対して1，２００発以上の銃弾を撃ち込んだが、2隻は増速し、「ちくぜん」の燃料がわずかとなり、９時９分追跡を断念。他の巡視艇も9時30分頃追跡を断念した。

小渕総理大臣は自衛隊法に基づく初の「海上警備行動」を発動し、海上自衛隊の護衛艦が警告射撃、Ｐ－３Ｃ哨戒機は対潜爆弾で警告を行なった。ＳＳＴは巡視船艇に待機し、不審船が停船した時には移乗して船内を制圧する計画を立てていたものの、巡視船の追跡断念により、新潟に戻った。

東チモール邦人救出事案

1999年8月、インドネシアから独立する前の東チモールで、住民の意思を確認する直接投票が行なわれることになり、反併合派によるテロ行為など騒乱によって在住の日本人に危害が加わる可能性が出てきた。

外務省は運輸省に対して、邦人を退避させるための輸送準備を依頼。海上保安庁は日本の南西沖で救難哨戒中の巡視船「みずほ」を派遣。オーストラリアのダーウィン港で待機。投票結果が発表される9月4日には、「みずほ」は東チモール・ディリ港沖にて待機体制をとった。

投票直後、反併合派による国連職員襲撃事件などが発生し、ディリなどで事案が急激に悪化した。退避を希望する邦人は7日までに、日本政府がチャーターした飛行機を使ってディリを離れたため、外務大臣から巡視船の撤収要請があり、「みずほ」はディリ港沖を出港、9月14日名古屋港に帰港した。

この事案にSSTが「みずほ」に乗船し、「みずほ」(または搭載艇)がディリ港岸壁にて法人を誘導する際の警戒監視活動を行なう予定だったと言われているが、「みずほ」にSSTが乗船していたかどうかを示す資料は公表されておらず、またそれを報道する記事もないため、実際にSSTが出動していたかどうかは不明である。なお、前年の1998年5月にも、インドネシア・ジャカルタにおける暴動から在留邦人を救出することに備えるためにシンガポールに巡視船を派遣して待機させていた事例がある。

インド沿岸警備隊によって発見されたアランドラ・レインボー（インド沿岸警備隊）。

アランドラ・レインボー号海賊襲撃事件

１９９９年10月22日にインドネシアのスマトラ島クアラタンジュン港を出港した、日本の船会社所有の貨物船「アロンドラ・レインボー号」（日本人２名を含む17名乗船、７，７６２トン）が７億円相当のアルミニウム塊を日本に運ぶ途中行方不明となり、28日に船会社から海上保安庁に捜索願が要請された。

貨物船を捜索するため、海上保安庁第10管区海上保安本部所属のヘリ搭載巡視船「はやと」と、第３管区羽田航空基地からファルコン捜索機をマニラ空港に派遣して、南シナ海からマレーシアの東岸沖で捜索活動を行なった。

貨物船が、武装強盗団によってシージャックされた可能性があったため、乗員が人質になっていることを想定してＳＳＴが「はやと」に乗船した。相手からの要求のための連絡もなく、捜索は11月上旬まで続けられたが発見できなかったため、国際海事機関（ＩＭＯ）などを通じて周辺国の警備機関に捜査が任された。

11月9日、タイ・プーケット島沖合でアランドラ・レインボーの船長ら17名がライフラフトで漂流していたところを漁船に発見され救助され、海賊に襲撃されたことが明らかになった。

11月16日にはインド沿岸警備隊が同国ゴア西方約２７０海里の海上において船名を塗り替えた船体を発見。追跡の後、隊員が移乗し、船内を制圧。14名の海賊がアランドラ・レインボーを乗っ取っていた。

九州・沖縄サミット警備

２０００年に開催された九州・沖縄サミットの首脳会議は沖縄県がメイン会場となるほか、空港や会議場、プレスセンターなどが海に面しており、沖縄サミットの担当海域の第11管区、九州サミットの担当海域の第７と第10管区も対策本部が置かれた。

海上保安庁は１９９９年６月21日に11管本部にサミット会場警備対策本部が設置。サミット警備に、各管区の協力も得て、約１４０隻の船艇、航空機22機、職員２，２００名を集結させた。

１９９９年11月８日から12日には警備戦術訓練が行なわれ、長官が視察している。訓練は机上訓練、高速船隊訓練、高速射撃訓練、警備戦術訓練、夜間警備戦術訓練が行なわれ、12日の公開訓練では「規制要員」と呼ばれる隊員数名が、日本漁船に偽装した不審船に対してベル２

アセアン・エクスプレスで起きた暴動事件に対処するシーン。（海上保安庁ＨＰから）

１２ヘリコプターからラペリングで降下し乗員を逮捕する訓練が公開された。「規制要員」の服装は黒色でバラクラバのようなものを着用していたが、携行する武器や本来の所属は明らかにされていない。

サミット本番前の5月16日にも公開警備総合訓練が行なわれたが、こちらの訓練では11月の訓練で登場した「規制要員」は登場しなかった。

サミット会期中の7月21日には国際環境保護団体グリーンピースのレインボー・ウォーリアー（排水量５５５トン）が各国の環境政策に不満を表すため、妨害を計画。海上沖合から４艇のゴムボートが降ろされ、妨害活動を開始した。

ボートの行動に対して巡視船などで規制したが。４名の活動家が、首脳会議会場がある部瀬名ビーチに上陸した。４人はただちに名護警察署によって軽犯罪法違反（立ち入り禁止区域への侵入）で現行犯逮捕された。沖合のレインボー・ウォーリアに対して、船舶立ち入り検査が行なわれ、海上保安庁法第18条第2項（強制的措置）の法的根拠で那覇新港に勾留、レインボー・ウォーリアを巡視船4隻で包囲し出港を阻止した。

第18条第2項は「海上における犯罪が行なわれることが明らかであると認められる場合その他海上における公共の秩序が著しく乱される怖れがあると認められる場合」と定められている。

アセアン・エクスプレス事件

２０００年（平成12年）８月４日、那覇の西北西３３０㎞を航行中のシンガポール船籍貨物船ＡＳＥＡＮ ＥＸＰＲＥＳＳ（乗組員22名、排水量１０，０２７トン）船内で暴動が発生し、中国人船長が中国人船員の鉄パイプによる殴打により左腕骨折、頭部打撲などけがを負った。

午後３時５分に貨物船の旗国のシンガポール政府から「船長が船員から暴行を受けて重傷を負った」と日本政府に救助要請を行ない、海上保安庁は、負傷者の救出と、暴動鎮圧のため、巡視船４隻と航空機５機を出動。

午後７時58分からベル２１２によりＳＳＴ隊員がラペリングにより貨物船に降下。続いて、警備救難艇からも特警隊が移乗し、暴動を起こした中国人船員９名を確保。船内を制圧した。午前１時58分までに貨物船に移乗した保安官は約30名だった。

負傷した船長を警備救難艇に乗せ、巡視船に収容、暴動を起こした９名は貨物船の１室に隔離し、マニラに向け航行を開始した。

九州南西海域工作船事件（奄美大島沖工作船事案）

２００1年12月22日、九州南西沖東シナ海の公海上を「長漁３７０５」という船名を掲げた不審な漁船を海上自衛隊のＰ－３Ｃ哨戒機が発見。海上自衛隊は海上保安庁に通報、第10及び第11管区海上保安本部などから巡視船艇と航空機を出動させた。ＰＭ型巡視船「あまみ」、ＰＳ型「きりしま」、「いなさ」、「みずき」が現場海域に到着した。

不審船は中国方面に向け逃走し、巡視船「いなさ」は12時48分から停船命令を旗流信号、無線、拡声器などで行ない、応答しないため、警告を行なった後の14時36分、不審船の上空に向けて20㎜機関砲による威嚇射撃を開始。続けて海面への威嚇射撃を実施した。

不審船の甲板に乗員が出てきたため、威嚇射撃を中断。乗員は中国の国旗を手に持って振っていたが、船尾の旗竿には掲揚しなかった。

16時13分、「いなさ」と「みずき」が警告の後に船首部分に対して機関砲による威嚇射撃を行なった。燃料タンクから出火し、乗員が消火活動を行ない30分で鎮火。消火活動中には別の乗員が左舷から海中に物体を投棄していた。

22時00分、海上保安官を移乗させるために「あまみ」と「きりしま」が不審船に対して挟撃、強行接舷を開始する。その直後に不審船側から対空機関銃ＺＰＵ－2、7・62㎜軽機関銃、ＡＫＳ－74自動小銃による攻撃を開始。「あまみ」の船橋などで3名の負傷者を出した。「いなさ」は、3基のエンジンのうち1基に被弾してエンジンが停止した。

これに対して巡視船は20㎜機関砲と64式自動小銃から正当防衛射撃を実施した。さらに不審船側からＲＰＧ－７対戦車擲弾発射器からロケット弾を２発発射した。ロケット弾は「あまみ」の上を通過し、その様子は上空から警戒監視と記録を行なっていたベル２１２ヘリコプターの赤外線カメラで捉えられた。22時13分、不審船は自爆し沈没した。

この事案で当初ＳＳＴが出動し、鹿児島または那覇まで航空機で移動し、洋上のＰＬＨ型巡視船と会合する計画があったが、輸送する人員と物資のペイロードなどの問題で、現場海域に到達することができなかった。

なお、この事案では海上自衛隊の特殊部隊である特別警備隊（ＳＢＵ）にも出動待機命令が発令され、ひとつの事案に対して、二つの特殊部隊が出動した初めての事案となった。

対テロ作戦に向かう空母キティホーク出入港の警備

２００１年9月11日のアメリカ同時多発テロを受けて、アメリカはテロの首謀者であるウサマ・ビン・ラディン容疑者の拘束と、率いるテロ組織アルカイーダの殲滅を目的として、オペレーション・エンデュリング・フリーダムを開始。横須賀基地に前線配備されている空母キティホークにも出動を命じた。

9月21日に横須賀基地を出港。搭載される第5空母航空団のパイロットに必要な着艦資格試験を洋上で実施した後、30日に入港。作戦航海に不要な物資を下し、翌10月1日に出港した。

海上保安庁は第3管区海上保安本部を中心にテロ対策のための在日米軍警備を実施し、巡視船「やしま」など船艇を、横須賀基地を中心に浦賀水道、さらには観音崎沖まで配置した。

捕鯨船に警乗し、環境テロリストと呼ばれている団体から船員を守る海上保安官。

上空には「やしま」搭載のベル２１２ヘリコプターが警戒監視にあてられた。このヘリコプターにはＳＳＴが89式自動小銃を携行して待機しており、不測の事態に備えた。

海上保安庁は、報道関係機関を含む一般国民にＳＳＴの出動を事前に公表することはなかったが、今回のキティホーク警備で「特殊部隊」という文字を使って初めてプレス・リリースを出した。

9月21日から10月1日の3度の出入港のうち、2回にわたって、横浜海上防災基地から取材者が「まつなみ」に乗船して、横須賀港付近を取材している。9月30日の取材時に巡視船「やしま」に着船したベル２１２から船内に歩く、89式自動小銃を携行したＳＳＴ隊員の姿を新聞社のカメラによって撮影され、これが、民間人が初めて目にした実働任務遂行中のＳＳＴの姿となり、現在まで唯一である。

調査捕鯨船「日新丸」警乗

２００７年南極海域の調査捕鯨を行なっていた調査捕鯨母船「日新丸」に対して、環境保護団体シー・シェパードの抗議船２隻が化学薬品の瓶を投てきし、乗員２名が負傷する事件が発生した。２月15日には船内において火災が発生し、乗員１名が死亡。この火災はシー・シェパードが投げ込んだ物質による因果関係があるとの見方もあった。

被害を重く見た海上保安庁は次回調査の船団に２名の保安官を警乗させた。船団は下関港を11月18日に出港し。２名の保安官は後日、船団に後続する補給船に乗って出港し、南極海に向かった。

12月に「日新丸」と合流し、２名は母船である「日新丸」で警戒監視活動を開始。活動家が強行乗船してきた場合は、捕鯨船の乗員の避難誘導と安全確保を行ない、証拠としてのビデオ撮影を行なうことになっていた。また、逮捕権もあり、活動家の行動によっては逮捕に踏み切る手はずになっていた。

１月15日、シー・シェパードは、南極海で捕鯨調査を行なっていた日本の目視採集船「第２勇新丸」に対し、酪酸の入った瓶を投げ込み、さらにロープを流しプロペラに絡ませようと妨害行為を行なう。その後、２人の活動家がＲＨＩＢを使って「第２勇新丸」に移乗してきた。シー・シェパード側は日本に拉致(らち)されたと強調し早期解放を求め、解放された。このとき２名の海上保安官が警乗する船は別の海域にいたため、対処ができなかった。

３月３日には「日新丸」に抗議船スティーブ・アーウィンが接近、１時間以上にわたって酢酸入りの瓶や白い粉の入った袋を100個以上投げ込み、割れた瓶から拡散した薬品などにより、乗組員1人と2名の海上保安官が軽傷を負った。

警乗する海上保安官は現地時間1時55分、警告弾を3発投てき。2時20分に4発投てきした。投てきした警告弾はスティーブ・アーウィンの甲板上約5mの高さで5発が炸裂、3mの高さで1発が炸裂、左舷甲板で1発が炸裂した。

警告弾はボール状の手投げ弾で、紐(ひも)を引き投げると数秒後に破裂する音響弾。種類としては、このほか着色のためのペイント弾や、強烈な光を放つ閃光弾があるが今回は音響弾のみを使用した。

海上保安庁は「全弾が人のいない安全な場所で音響を発しており、乗員が負傷するような状況はない」と説明しているが、スティーブ・アーウィンの船長は「防弾チョッキに弾が刺さっていた」と反論した。

警乗した2名の所属は明らかになっていないが、SST隊員であるとみられており、映像や写真に映っていたジュラルミンの大盾には第7管区特警隊のマークがあり、捕鯨船団の母港を管轄する7管区から借用してきた大盾であるとみられる。海上保安庁の民間船舶への警乗はプルトニウム輸送の警乗隊以来となった。

原子力空母配備入港の警戒

2008年9月25日、アメリカ海軍横須賀基地に配備される原子力空母ジョージ・ワシントンの横須賀基地入港に際し、海上保安庁は巡視船6隻を含む約50隻の巡視船艇を東京湾観音崎沖から浦賀水道、横須賀港に配置し、原子力空母の母港化を反対する過激な活動団体やアメリカを狙うテロ組織から、ジョージ・ワシントンを護衛した。

巡視船「しきしま」が指揮船になり、観音崎沖からジョージ・ワシントンの後方を航行しながら警備に当たった。この任務ではSSTが1隊参加しているとみられ、「しきしま」搭載のAS332スーパー・ピューマ輸送ヘリコプターで待機していた。小さな抗議船がテロ活動を起こした場合、近傍の巡視艇にラペリング降下し、抗議船に移乗する計画であったものとみられる。

第8章

海の機動隊「特別警備隊」

柿谷哲也

全国 11 個ある管区のすべてに海の機動隊である「特警隊」が、海上治安維持のために配置されている。

●海上デモからテロ対策まで、守備範囲の広い海の機動隊

先の章で海上保安庁のテロ対策の切り札ともいえる特殊警備隊（ＳＳＴ）を取り上げたが、海上保安庁のテロ対策の主力となる部隊は、特別警備隊（通称：特警隊）である。特警隊は11の管区すべてに配置しており、海上デモからテロ対策まで幅広い海上治安維持を目的としている。

各管区には警備実施強化巡視船と呼ばれる巡視船が１隻から２隻配備され、この巡視船の乗員から編成される特警隊が２個小隊（１個小隊は約15名）乗船しているため、この巡視船を特警船とも呼んでいる。

出動時には特警船から特警隊員が他の小型の巡視艇や特警船などの巡視船に搭載される複合艇（ＲＨＩＢ）や警備救難艇に乗り込んで複数の船艇で警戒活動を行なうことになる。また、事案によっては所属する管区外にも応援に対処することになる。特警船は昭和56年に第３管区に初めて指定され、今では全国で14隻ある。特警船と呼ばれる巡視船は次の通り。

第１管区小樽海上保安部　しれとこ型巡視船しれとこ ＰＬ１０１
第１管区室蘭海上保安部　しれとこ型巡視船えとも ＰＬ１２７
第２管区塩釜海上保安部　しれとこ型巡視船まつしま ＰＬ１０７
第３管区横浜海上保安部　しきしま型巡視船しきしま ＰＬＨ31
第３管区横浜海上保安部　しれとこ型巡視船しきね ＰＬ１０９

船舶立ち入り検査で、ブリッジのドアからエントリーを行なう「しきね特警隊」

第４管区尾鷲海上保安部　しれとこ型巡視船すずか　ＰＬ１１９

第５管区高知海上保安部　しれとこ型巡視船とさ　ＰＬ１１４

第６管区松山海上保安部　なつい型巡視船いさづ　ＰＭ07

第７管区門司海上保安部　しれとこ型巡視船くにさき　ＰＭ１２０

第７管区佐世保海上保安部　びほろ型巡視船ちくご　ＰＭ90

第８管区舞鶴海上保安部　しれとこ型巡視船わかさ　ＰＬ１０３

第９管区伏木海上保安部　しれとこ型巡視船のと　ＰＬ１１５

第10管区鹿児島海上保安部　しれとこ型巡視船こしき　ＰＬ１２３

第11管区那覇海上保安部　しれとこ型巡視船くにがみ　ＰＬ１２６

特警隊の装備は、豊和工業89式自動小銃、豊和工業64式自動小銃、レミントンM870ショットガン、ニューナンブM60Ⅱ型拳銃、S&W M5906拳銃、特殊閃光弾、ジュラルミン製大盾、透明強化プラスチック製大盾などを装備している。警備時の服装は紺色の出動服、軽量型のヘルメットには顔面保護用のバイザーと頸椎（けいつい）保護用の垂れが付く。

黒色の防弾能力のあるライフプリザーバー・ベストには背面に「海上保安庁」と「JAPAN COAST GUARD」の文字が入ったベロクロ止めのパッチが付く。腕、肘、膝、脛（すね）には黒色プラスチック製のガードで身体の安全を守っている。なお、一人あたりの装備の重量は30kgを超える。

柔術など格闘技術も高く、相手の武器に合わせた「警察比例の原則」に準じた対処が可能だ。また、武器の取り扱いでは、狭い船内などの近接戦闘技術も高い。また、いくつかの管区の特警隊はヘリコプターからのラペリング技術を持ち合わせた、特殊警備隊SSTに準じた能力を持つ部隊もあり、こうした部隊も合わせて、特警隊は船舶検査だけでなくテロ対策としての能力も持っている。

昨今では、各都道府県警や税関などの警備機関と、海上におけるテロ対策や水際危機管理など他機関との対策を講じており、協議や連携訓練を定期的に行なっている。

●各国も注目している特警隊の技術

海上保安庁は救助や防除など世界でもトップクラスの技術を持っているため、研修のために東南アジアからも多くの関係機関担当者が訪れる。同様に警備技術や取締り技術に対しても各国の海上保安機関は注目をしている。凶悪な組織から不正な輸入を阻止したり、尖閣諸島などでの不法侵入者への対処、または不法操業への毅然とした対処は、各国の海上法執行機関が目指している。

東南アジアの警察機関は「警察比例の原則」の考え方があいまいで、容疑者が非武装でも自動小銃を構えてしまう傾向がある。各国政府や市民も人権の順守や取り締まりの在り方に敏感になり始め、警察官への再教育が始まっているところだ。その中で、海上保安庁の取締り方法や技術は手本となる存在となっているのだ。

２００６年12月、海上保安庁はアジア太平洋諸国の代表機関を召致して薬物海上取締官養成セミナーＭＡＤＬＥＳ06（Maritime Drug Law Enforcement Seminar）を開催。東南アジア諸国８ヵ国と国連の12機関の代表22名と海上保安庁の各部署から８名が海上における薬物の取り締まりの現状や、対処のありかたなどについて話し合った。

参加国と機関は中国、インドネシア、韓国、マレーシア、シンガポール、フィリピン、タイ、ベトナム、アメリカそして、国連薬物犯罪事務所（ＵＮＯＤＣ）。日ごろから違法薬物の国内流入を阻止する海上保安庁は、関係国の法執行機関や薬物監視機関などと薬物取引の壊滅を目標にして情報交換をしており、ＭＡＤＬＥＳは各機関の情報共有のシステム構築や取締方法の研究などについて意見を交換し合う機会として１９９８年に始まった。

セミナーの期間中には特警隊による取り締り術のデモンストレーションがあり、各国からの参加者が実際に特警隊の技術を学ぶ機会もある。２００６年のＭＡＤＬＥＳでは第３管区の特警隊が担当した。

この時は薬物運搬の疑いがある容疑船が洋上で海上保安庁の検査を受けるというシナリオ。横浜港を出港した容疑船役の「いず」にはMADLESに参加する代表者が乗船し、訓練を見学すると共に、海上保安庁の巡視船の搭載機器などのレクチャーを受けていた。

e−MADLES（海保が開発したシステム：船名を入力するだけで、船の諸元、運航状況、乗員の顔写真のデータなど表示することができる）にもたらされた情報を元に第3管区海上保安本部では作戦を計画し、巡視艇「はまなみ」「すがなみ」「きりかぜ」「しおかぜ」の4隻とAS332スーパー・ピューマ中型ヘリコプター1機そしてボーディング・チームの「しきね」特警隊による取り締まりを行なう。

航行する容疑船に対して「はまなみ」と「すがなみ」が両舷側に接近。容疑船に対して発光信号、スピーカー、旗流信号、無線などを使って停船を呼び掛けるが容疑船は航行を続ける。

羽田航空基地から飛来したAS332中型ヘリコプターと巡視船から警告弾が投げ込まれ、容疑船の前甲板で炸裂。それでも停船する様子を見せなかったため、2隻の巡視艇から三枚の大盾越しに特警隊員が89式自動小銃で容疑船に警告射撃を行なう。

容疑船はようやく停船し、2隻の巡視艇が船尾両舷に接舷し、第2甲板から拳銃を携行した特警隊2班12名が移乗した。特警隊は、2班に分かれヘリコプター甲板のある第1甲板に上がり、1班は舷側を通って前甲板の安全を確認。続いて外部のラッタルを使ってブリッジの横に待機、もう1班は第1甲板から船内に入りブリッジを目指す。

無線による「突入！」の合図で内部と外から特警隊隊員がブリッジに突入。ナイフで抵抗す

スーパー・ピューマから船上の特警隊員を支援する２名の特警隊スナイパー。

89 式自動小銃を携行して容疑船を制圧する訓練。この訓練には女性の特警隊員も参加していた。

る船員を倒して、床に抑え込み取り押さえた。

続いて船内の捜索が行なわれ、格納庫から不審な箱を発見。容疑者となった船長の立会いの元、特警隊隊員が箱を開梱し、中から薬物らしき白い物質を取り出す。検査キットを使って白い物質は麻薬であることが判明し、容疑者を逮捕した。


強力なパワーと圧倒的な量で抑え込むというイメージがある特警隊の戦術だが、実は、相手に応じた「引き」と「押し」をうまく使った、巧みな戦術を持っていることは意外に知られていない。

そのひとつの例が、2008年9月にアメリカ軍横須賀基地に入港した原子力空母ジョージ・ワシントンの警備だった。原子力空母の配備を反対する団体が、ボートやヨットを多数出して軍港の外側で抗議活動を行なっていた。

海上保安庁はこうした抗議団体だけでなく、アメリカ軍を狙ったテロ活動が行なわれることも想定して、巡視船「しきしま」を指揮船に巡視船6隻を含む50隻で空母とその航路、そして基地周辺の海上を警備していた。抗議団体の船舶に対しては、特警隊が乗り込んだ巡視艇と巡視船の搭載艇(RHIB)で囲み、囲んだラインから外に出ないような戦術をとった。

しかし、その包囲は抗議船からつかず離れずの絶妙な距離を保ち、接近時もゆっくりと波を立てないように近づいた。

このヨットを使った抗議団体は、過去に横須賀港内でアメリカの警備艇が接近時に立てた波でバランスを崩し、マストが折れるといったハプニングがあった。抗議団体はこの件を過剰な

空母キティホークが横須賀に入港する際、沖合で特警隊が乗り込みフラッグ・ブリッジ（司令部艦橋）から周辺を警戒、巡視船艇と連絡を取り合う。

警備として告訴し、アメリカ軍側にマストの修理代を払わせた経緯がある。

ふだんはＲＨＩＢの機動性を生かしたスピードのある警備も、このときは、静かに「引きの戦術」で鉄壁の警備を行なっていた。またもうひとつの抗議団体は、小型のプレジャーボートに4名ほどしか乗れない小さなゴムボートをいくつもロープでつなげて抗議を行なっていた。

デモ隊は皆ライフジャケットを装着していたが、空母が通過する際は大きな波が押し寄せ、小さなゴムボートは転覆の恐れもある。そこで最初の大きな波に合わせて、巡視艇が押してくる波とゴムボートの間に入り、少しでも波を打ち消そうとしたようだった。もちろん、万が一海へ転落した者がいたら特警隊が救助にあたることになる。

こうした余計な仕事を生まないようにすることも、特警隊の戦術であるといえる。空母艦橋上部のワッチステーションで監視班の責任者である先任伍長も重武装の出動服の特警隊の姿を見て「あれはＳＷＡＴか？」などと興味を持っていたほか、乗り込んだテレビ局レポーターも海保の警備により空母への接近を阻止していることについてレポートしていた。

●「心技体」こそが特警隊の武器

強力な89式自動小銃や、機動力あるＲＨＩＢだけが特警隊の武器ではない。特警隊が持つ最強の武器は、隊員それぞれの強靭な肉体と瞬発力、そして目標を見据える鷹のような鋭い眼、そして冷静な判断力であるといっても言い過ぎではない。海上保安庁では年に一度、隊員の技術を競いあう、「警備救難競技全国大会」を行っており、各管区から女性を含む特警隊や海上保安大学校から保安官が約80名集まる。

競技は「拳銃の部」「逮捕術の部」「人命救助の部」の三競技。「逮捕術の部」は犯人の逮捕・制圧と自身の防御などを含めた異種混合型の武術。剣道着と面を着用し、長短2種類の竹刀、ボクシング・グラブを着用。竹刀で面や突き、胴といった剣道の術、キックボクシング同様にパンチやキックを使って得点を得る競技。基本の型（基本術技）と応用の術技があり、各管区・学校から3名が1チームとなって競技に挑む。

「人命救助の部」は各管区・学校から2名が参加。空気呼吸器を装着し、遭難船を想定して、障害物、狭い通路、階段が設定されたコースをダミーの要救助者を救出する。安全確認、要救助者の発見、安全な場所まで搬送し、搬出後は心肺蘇生を実施するところまでをタイムトライ

特警隊はあらゆる大きさの船舶を対象とするので、貨物船を模した大型巡視船や、プレジャーボートを模した巡視艇などを使い訓練する。

アル形式で競う。

この競技の審判は海上保安庁の救難任務専門部隊である特殊救助隊の隊員が行なう。特殊救助隊は第3管区内の羽田航空基地に所在するが、救難のプロであるため第3管区代表として参加するわけにいかず、審判としての参加としている。

「拳銃の部」は各管区・学校から1名が参加。ニューナンブM60Ⅱ型を使って25フィート先の的を撃ち抜く競技。拳銃を構えた状態から競技を開始する競技射撃と、拳銃をサイホルスターに収納した状態から競技をスタートする実戦的射撃のⅡ種目が行なわれ、総合得点で競う。

ホルスターから拳銃を抜いて射撃するといっても、早撃ちのようなスタイルではなく、正確な射撃が求められるために、ホルスターから銃を抜いた後は、慎重に照準し射撃することになる。この三つの競技の要素はいずれも警備救難業務として最も基本であり、保安官はこうした

原子力空母ジョージ・ワシントン入港を反対する団体に対して警戒態勢をとる特警隊。

技術を演練しているからこそ、武器など装備を適切に扱うことができるといえる。

第9章

海上保安庁のNBC対処

柿谷哲也

2004年に行なわれたアジア不拡散セミナーの訓練に参加したBC対処の部隊。

●船舶事故の対処としてスタートした海上保安庁の防除活動

最も非人道的で危険な兵器はN（核）B（生物剤）C（化学剤）を使ったNBC兵器として知られている。テロ組織にとっても国家をも脅迫できる兵器として、これを上回る存在はない。核兵器はテロ国家といわれる国でも扱いが難しい反面、生物兵器や化学兵器は、大学の化学研究室程度の施設でも扱えるだけに世界中の警備機関は、こうした自家製兵器がテロ組織に拡散することを懸念している。

テロ組織には扱いが難しい核兵器だが、その原材料となる核物質は兵器になる前の状態でも人体を致死（ちし）に至らせるだけの力があり、これは核兵器だけでなく、生物兵器、化学兵器にも言える。

海上保安庁はテロ組織がこうした物質を手に入れないように輸送を阻止すること、また、もし手に入れてしまい、行使してしまった場合を想定して対処する体制を構築しているところである。

海上保安庁のNBC対処事案に対する取り組みはC（化学剤）のケミカルから始まった。オイルタンカーやケミカルタンカーなどの船舶からの油や有害化学物質、危険物の流出などの海上における特殊災害に対応することを想定したことに始まっている。

日本で最も交通量の多い東京湾に面する第3管区海上保安本部に機動防除隊（NST：National Strike Team）を創設したのが1995年。1998年には横浜海上防災基地内に横浜機動防除基地を設置し現在に至っている。16名の隊員で構成され、災害現場まで飛行機やヘ

福井県にある敦賀原子力発電所。

リコプターを使って急行し、防除措置を行なう他、技術的な指導・助言を行なう。

２００３年にＢＣ事案に対応する他部隊ができるまで、海上保安庁にとって唯一の化学剤検知活動と除染活動ができる部隊だった。

最近は国際協力業務として、海外の海上保安機関に海上防災に関する高度の知識と技術を活用した教育や訓練を行なっており、これまで国際協力機構（ＪＩＣＡ）のプログラムでフィリピン沿岸警備隊やインドネシアの海上保安機関に協力を行なっている。

●ＢＣ対処の部隊

海上保安庁はアジア周辺の各国に対してＮＢＣ兵器不拡散に対する海上保安庁の役割を広く示すための「アウトリーチ活動」を行なっており、各国の海上保安機関に対するＮＢＣ不拡散の研修や実施の手順を講義している。

２００４年に神戸で行なわれたアジア諸国に対するＢＣ対処手順の研修では、正式名称を伏せた「ＢＣ処理要員」がヘリコプターからのラペリング降下で、ＢＣ物質を運搬する容疑船に到着した。

化学防護服を着用した状態でヘリコプターから迅速にラペリング降下して、ＢＣ関連物質の検知活動、除染活動を行なう能力があることを示した。

ヘリコプターからのラペリング技術は第３管区にある救助専門部隊の特殊救難隊（ＳＲＴ：Special Rescue Team）にもあり、２００５年のアジア諸国海上保安機関に対する訓練展示でＢＣ対処要領を披露した。「特救隊」で知られる特殊救難隊は洋上における高度な救助事案に対処する専門の救助部隊として知られている。

ヘリコプターで現場に急行しラペリング降下で転覆した遭難船から人命救助したり、危険物積載船舶の火災では消火と救助を行なうなど、特殊な海難に対処する。救難のプロ集団であるだけに、ＢＣ対処では検知や除染だけでなく、ＢＣ汚染環境下からの人命救助も行なう。

２００４年に対処方法を展示した「ＢＣ処理要員」については、広報官によると所在地や規模を説明できないとするだけに、第５管区にある特殊部隊の特殊警備隊（ＳＳＴ）である可能性がある。

海上保安庁がＢＣ対処と実施部隊、担当エリアについて公表していないのも、対処にテロ対処部隊が関わっている関係だとすると説明がつく。

東日本の特殊救難隊も西日本のＳＳＴも全国各地に迅速に移動する能力があり、両部隊がエリアを分担してＢＣに対処する体制になっていることが想像できる。これに機動防除隊が加わ

スーパー・ピューマから防護衣を着て降下する特殊救難隊。

ることで、海上保安庁は化学・生物事案対処を行なうのである。

●原子力関連事業をテロから守る

特殊部隊SSTの前身である警乗隊が、日本の原子力関連事業に協力するために1992年にフランスからプルトニウム輸送船を警備したことはよく知られているが、それ以前からも海上保安庁は原子力発電所などを巡視船艇で警備してきている。

警察庁が「重要防護対象施設」と位置づける原子力関連施設は全国に34か所あり、その多くが日本海に面している。福井県内には15基の全国最多の原発があり、アメリカ同時テロ以降は、県警の機動隊から警戒要員を集め、また近隣府県警の機動隊などからの応援を得るなど、必要に応じて部隊を編成し、24時間体制の警備を続けていた。

しかし、自衛隊のイラク派遣で日本でもテロへの警戒感が高まり、また北朝鮮による日本人拉致や不審船の出没など日本海で頻発する北朝鮮工作員の動きも警戒を強化する必要があり、警視庁は専従部隊を設けたいという背景があった。

そこで福井県警に原発関連施設の警戒を専門に担当する「原子力関連施設警戒隊」を設置しており、この部隊はエイムポイントCOMP M2ドット・サイトを装着したMP－5自動小銃を装備する銃器対策部隊並みの火器を装備している。

一方、海上保安庁は以前から全国の原子力発電所を巡視船艇で海上から警備する体制を取ってきたが、2001年のアメリカ同時多発テロを受けて、警備はさらに強化を続け、2005年4月には新潟県柏崎にある柏崎刈羽原子力発電所をテロ災害から守るため、警備を専門に行なう部隊である「原発警備対策部隊」を配備している。

第9管区内に所在するため、所属は上越海上保安署となっているとされるが、部隊は発電所内の燃料荷揚げ用の専用港内に所在している。警備対策官18名と平成5年度予算で調達した小型高速警備艇1隻を防波堤に新設された栈橋に配置している。

SST同様に秘匿性が高く、装備する武器を始め、小型高速警備艇の船名や番号、諸元、そして外観までもが公表されていない、まったくの極秘部隊である。

海上保安庁はテロ警戒のため、ふだんから第9管区所属巡視船だけでなく、ほか管区の巡視船も派遣して沖合から原発を警戒しているが、巡視船が運用できない悪天候時の対応や、小回りの利く警備の必要性から専門の対処部隊と小型高速警備艇が必要となった。

原発警備対策部隊は核や放射能環境下での制圧能力はないと思われるが、原子力関連施設の

2005年に行なわれたアジア不拡散セミナーで展示訓練を行なう特殊救難隊。

難しい警備技術やテロリストから原発職員を救出する技術などを修得していると思われる。今後、他の原発でも同様の部隊を配置することも検討するとみられる。

なお、やはり日本海側に面し原発の多い第8管区も、原子力警備対策の航空作戦能力を高めるために舞鶴へリポートを拡張し、2機のヘリが待機可能となるようにエプロンを4倍に広げ、さらに夜間運用を行なうために照明設備等を設置するなど、原発テロの対策をとっている。

余談だが、アメリカにもエネルギー庁に核緊急支援隊（NEST：Nuclear Emergency Support Team）という組織があり、この部隊は原子力関連施設におけるテロリストの急襲・制圧部隊だけでなく、仕掛けられた爆発物の探知・捜索能力と原子力施設内での爆発物処理能力がある。

さらには放射能環境下での敵勢力との戦闘・制圧や味方の救助や手当をする専門隊員もいる。

さらにNESTにはこれらの作戦を支援する核化学者、放射線技術者、通信専門家からなる、SRTという部隊があり、制圧部隊の作戦以上に重要な役割を持っている。

市街地では犯人制圧は最重要目標であるが、原子力施設では犯人制圧より、爆発物の探知・捜索・処分の方が重要であることをアメリカは認識しており、このような原子力テロ対処能力の組織は本来の原子力関連施設警戒部隊のあるべき姿とされる。

●原子力艦船の放射能事故を警戒する

文部科学省は海上保安庁の放射能調査艇を使って、在日アメリカ海軍基地に出入港する原子力艦に対して、放射能などの調査を行なっている。これは政府が1968年に策定した「原子力軍艦放射能調査指針大綱」に基づいて横須賀基地、佐世保基地、ホワイト・ビーチ（沖縄）の各寄港地周辺住民の安全を確保するために調査を実施している。

第3管区横須賀海上保安部に「きぬがさ」、第7管区佐世保海上保安部に「さいかい」、第11管区中城海上保安署に「かつれん」を配置。船内には空中、海中、海底から採取した泥を分析する装置があり、文部科学省の職員2名が分析作業を行なっている。原子力艦入港日の前日に定点モニタリングポストの調査を行ない、入港前のデータを測定。原子力艦船出入港時には艦船を追尾して調査。原子力艦入港中は、艦船の周辺と定点モニタリングポストで空気中と海水を採取しての調査を毎日実施する。

また出港日の翌日は、停泊していた場所の海底の泥を採取する調査も行なう。また、原子力

2004年に行なわれたアジア不拡散セミナーのＢＣ対処部隊。

艦船の出入港がない時期でも1か月に1度は定点観測を行なっている。

なお、放射能調査艇が検査などで出動できない時期はＣＬ型などの巡視艇に放射能調査艇の船内にある観測機器を乗せ換えて出動することになっている。また、放射能調査艇は調査の行なわれない日は、警備救難業務を担当することになっている。

●国際社会に貢献する海上保安庁のＮＢＣ対処

海上保安庁はＮＢＣに対する役割について世界からも期待されている。２００３年に日本政府がＮＢＣ兵器などの大量破壊兵器の拡散を防止する世界的な枠組みのひとつ「拡散に対する安全保障構想（Proliferation Security Initiative：ＰＳＩ）」の発足メンバーとして参加してからである。ＰＳＩは日本だけでなく、世界の国々に対しても安全を寄与する重要な取り組みである。

それは、日本の周辺国がミサイルなどの兵器を作るためにＮＢＣ関連物質を輸入したり、またはは完成したミサイルを輸出したりすること、さらには製造のための工作機械や設計図、ソフトウエアなどを、公海上または日本の領海内で阻止することを目的としているからである。海上保安庁は公海上で国際法などの法律を根拠に船舶立入検査を行なうことができ、船内に積荷としてある大量破壊兵器や関連物質を差し押さえることができる。ＮＢＣ関連物質が積載されていれば、それを確認し安全化する必要があるので、ＮＢＣの対処能力を持った隊員が必要となったわけである。ＰＳＩは海上保安庁にとって新しい仕事ではあるが、事故などの事案とは異なり、容疑物質を持ち込む船舶は国際テロリストの可能性も充分にあり、武装している可能性もある。そのため任務の危険度は一段と高くなり、対処部隊も自動小銃などの防護武器を携行している。

こうした事案に対処する部隊はテロ対策部隊のＳＳＴが担当することになる。ＳＳＴはＮＢＣに対する能力や詳しい活動内容が公表されていないが、２００３年オーストラリアで行なわれた第１回ＰＳＩ演習に制圧部隊としてＳＳＴが１隊参加し、一部のＳＳＴ隊員はシナリオでＢＣ関連物質の容疑がある物質の検知活動を行なっている。

海上保安庁は２００３年のＰＳＩ演習以降、２００５年のＰＳＩ演習にもＳＳＴを参加させている。２００６年には巡視船「しきしま」を参加させているが、２００７年の演習には第３管区の職員が数名参加しただけに終わった。

２００３年と２００４年には実働部隊以外にもオブザーバーが参加していたこともあったが、

観閲式・総合展示訓練におけるＢＣ対処展示で防護衣を着用した特殊救難隊。

海面の汚染物質を除去する機動防除隊。

原発警備対策部隊が配置されている柏崎刈羽原発の衛星写真。岸壁ではなく、防波堤に新しく出来た、小さな桟橋と小型船艇が確認できる。(グーグル・アースより)

日本が参加するＰＳＩ演習に海上保安庁の実働部隊の参加が減ってきているのも事実だ。

ＰＳＩの日本における管轄官庁は外務省だが、担当者によると海上保安庁が最近のＰＳＩ演習に参加しないのは、予算面や運用面の問題であり、日本政府の方針に変更はなく、ＰＳＩの取り組みやＮＢＣテロ対策を防衛省に依存していくということではないと強調している。

第10章
強化される海上保安庁の国際海賊対策

柿谷哲也

音響型の非殺傷兵器LRAD。実際にソマリア沖で客船に備わったLRADで海賊を撃退したケースがある。

●海賊対策室を設置

2006年2月2日、第三管区海上保安本部の巡視船「やしま」は、マレーシア、タイ両国の海上警備当局とランカウイ島沖で海賊対策合同訓練を行なった。

「やしま」を海賊に襲われた船舶に想定し、第三管区特警隊がRHIBで想定船へ移乗、マレーシア海上警察及び王立警察特殊部隊がヘリコプターからロープで降下、想定船内の海賊を逮捕、逃亡する海賊船をタイ海上警察のパトロール艇が追跡して逮捕するという内容のようだ。

海上保安庁はこれまでにも東南アジア海域で海賊対策訓練を行なってきているが、多国間で合同訓練を行なうのは初めてであり、これは、海賊対策が地域国間の連携がいかに重要かを示している。

2006年1月1日に海上保安庁は警備救難部国際刑事課に海賊対策室を設置した。海上保安庁の海賊に関わる案件を専門に取り扱う初めての組織で、5名の専門家から構成される。

マラッカ海峡から離れた海上保安庁になぜ海賊対策の部門が必要なのか疑問に思うかもしれないが、日本は1970年代から東アジア地域の海賊対策に力を入れており、財政支援や教育活動を行なっている。

海上保安庁は日本の海上交通の安全を守る立場として、積極的に活動してきた背景がある。2006年に海賊対策の専門家からなる組織を立ち上げたことで、海賊被害に迅速に対応することができる他、海賊被害の予防の普及が広まることが期待できる。

海上保安庁は、「アジア海賊対策チャレンジ2000」として各国の海上警備機関間で相互協力・連携の推進・強化や情報交換、専門家会合の開催などに力を入れており、これまでも海賊事案に直接部隊を派遣したり、調査員を派遣するなどしてきている。

2000年に貨物船「アランドラ・レインボー」がマラッカ海峡で海賊にハイジャックされたときは、海上保安庁は特殊部隊SSTが乗り込んだ巡視船と航空機を派遣した。

また、まだ記憶に新しい2005年にはオーシャンタグボート「韋駄天（いだてん）」が海賊に襲撃され、乗員14名のうち3名が誘拐され、身代金を要求される事件が発生した。このときも海上保安庁は調査員を派遣するなどし、地元当局と情報交換などを行ない、事件解決に向けた迅速な動きを見せた。

マラッカ・シンガポール海峡（以下マラッカ海峡）は年間に5万～9万隻あまりの大小船舶が航行し、世界の貿易量の4分の1が通過するとも言われている。中東方面から日本へ石油を運ぶタンカーの約80％が航行し、またヨーロッパ方面からの輸入品を搭載した貨物船も日本に向けて航行する。

日本からも、中東方面やヨーロッパに輸出品を積んだ商船が航行する要衝。しかし、浅瀬や暗礁が点在し、航路が狭く、海難事故も多い。

海賊は、こうした地形的特長を熟知し、待ち構えているのである。国際海事局IMB（本部ロンドン）によると全世界の海賊発生地域で最も多いのがマラッカ海峡とインドネシア沿岸海域で、次いでマラッカ海峡の西側であるバングラディッシュ、スリランカ沿岸、そしてソマリア沿岸などを含むアフリカ西岸、北インド洋、カリブ海と続く。2005年のこの地域の海賊発生件数は、インドネシア海域で79件、マラッカ海峡で12件あり、一部海域で減少しているものの、インドネシア沿岸では高い数字となっている。

２００６年9月には、日本の小泉純一郎首相が２００１年当時に提唱した「アジア海賊対策地域協力協定（ＲｅＣＡＡＰ）」がスタートし、日本、シンガポール、ラオス、タイ、フィリピン、ミャンマー、韓国、カンボジア、ベトナム、インド、スリランカ、中国、ブルネイ、バングラディッシュの14カ国が加盟し、11月、シンガポールに情報共有センター（ＩＳＣ：Information Sharing Center）が設立された。

ＩＳＣは各国の海上警備などを管轄する省庁から職員が派遣される、外交特権のある国際機関となっている。

海上保安庁からは、設立された海賊対策室から1名が常駐することになる。ここでは、情報の共有や各国の海運業者等への教育や訓練プログラムなどの協力を行なう。

しかし、加盟国を見て判るとおり、マラッカ海峡に面するインドネシアとマレーシアがＲｅＣＡＡＰのメンバーになっていない。両国は独自の海賊情報を収集することで独自活動やシンガポールとの三カ国合同の海賊対策を望んでおり、ＩＳＣに加盟する意向はない。

ＩＳＣ設立を提唱し、海上保安庁が長年マレーシアとインドネシアの海上法執行教育に力を入れてきた日本としては、両国の参加を呼びかけている。

●民間の海賊対策

海賊は特に夜間や夜明け前などに複数の高速のボートを使用して、低い甲板を持つ、乗り込

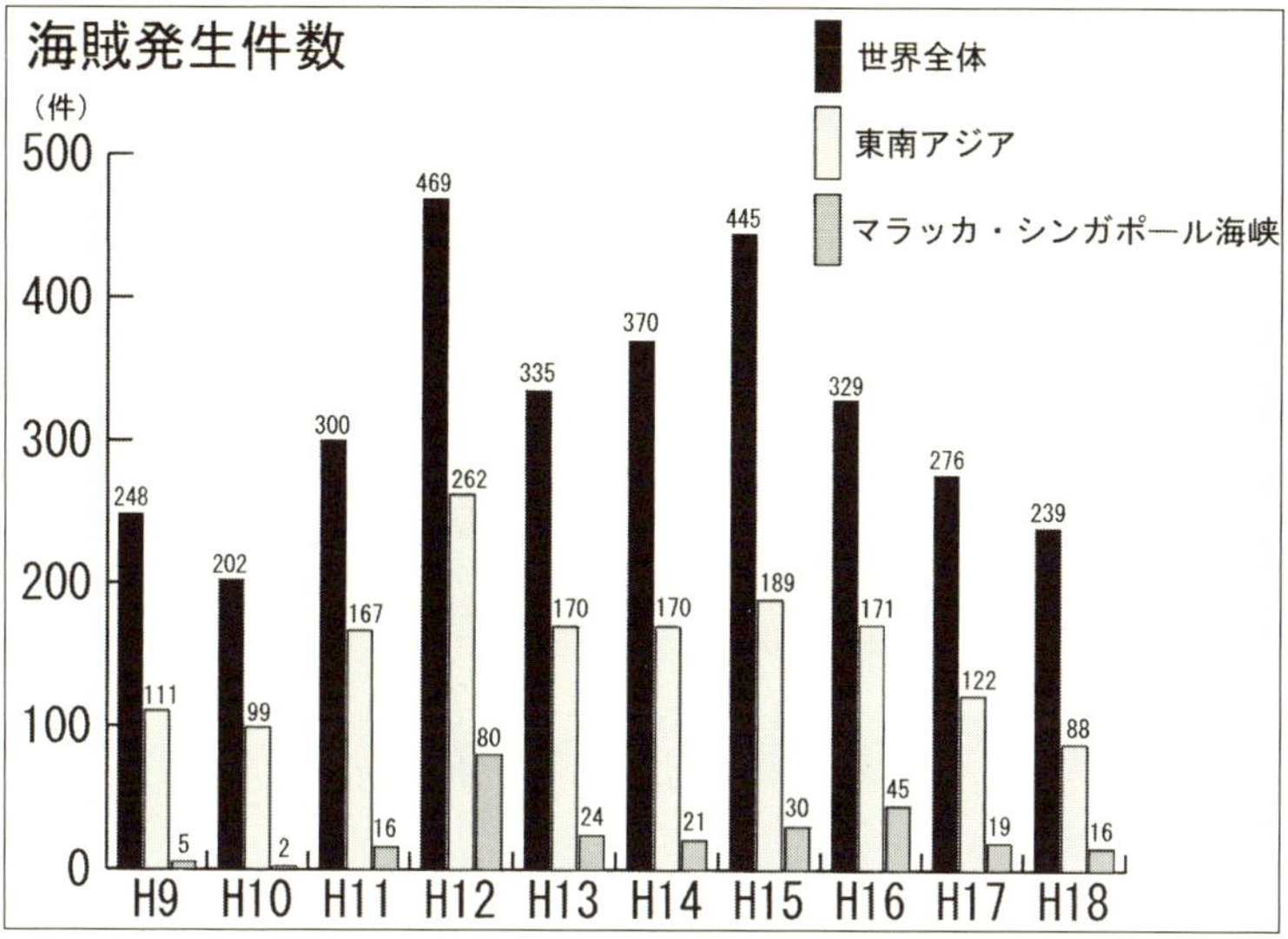

みやすい船などを狙い、見張りの甘い船尾から乗り込むケースが多い。また、最近では遭難のふりをしておびき出し、遭難者を装って船に逆襲して乗り込むケースや、物売りのふりをして、海産物や商品を掲げながら接近してくるケースもある。海賊が多発する沿岸国の警備当局も監視を強めているが、長い海岸線を持つ国などでは隅々まで監視がいきわたっていないのが実情だ。

海賊が取る接近方法も巧妙になり、治安当局の目を欺く戦術でなんとか民間船に近づこうとしている。

最近では商船やタンカーなどに船会社自らが海賊対策のために非殺傷兵器（ノン・リーサル・ウェポン）を搭載するケースが目出っており、その代表的な装備としてアメリカン・テクノロジー社のＬＲＡＤ（Long Range Acoustic Devise）などを代表する音響兵器がある。ＬＲＡＤは、直径80cm重さ約20kgの椀型をしており、船の舷側などに取り付ける。

接近する海賊と思われる不審船に対して、最高145デシベルの不快な音調を発生し、約270mの範囲に効果がある。この装置は最近ではアメリカ海軍がフォースプロテクションのために搭載することもある。

この他、大型船では消火目的の放水銃をフォースプロテクション用に流用することもある。外部からの侵入を防ぐために船体の突起物をなくすように改造したり、装甲板などを施し、海賊の攻撃を防ぐための艤装を行なう専門の会社も登場している。

最も効果があるといわれているのが、武装した民間警備会社（PMC）職員による警備である。代表的なものは、イラクにおける斉藤昭彦社員の死亡事故で有名になったハート・セキュリティなどの警備会社のほか、海上フォースプロテクション専門のグレン・ディフェンス・マリン・アジアやバックグラウンド・アジア・リスク・ソリューションズなどの警備会社もある。

こうした会社は船会社と契約し、自動小銃などを携行した社員が、マラッカ海峡通峡時のみ民間船舶に乗り込み、海賊の接近を警戒する。海賊が乗り込んできた場合も、自動小銃や拳銃を使って、海賊から船員の命を守る。

こうした会社はシンガポールを中心に増加する傾向にあり、需要が高まっていることがうかがえる。多くの船会社が海賊対策用にあらかじめ船長に預けている現金を用意するぐらいなら、PMCに頼んだほうが船員に危害が及ぶ可能性が少なく済むということである。

もっともサイレンや警笛を鳴らしながら増速して逃げることにより海賊が追跡を諦めたケースもあるので、費用をかけないで済む場合もあるが、各船会社が、自衛策に費用をかける傾向

夜間のマラッカ海峡。海賊は夜間灯火をつけずに後方から接近し、船尾から乗り込んでくる戦術を使うという。

は、政府が行なう海賊対策だけでは不充分であることを端的に表しており、各国の監視体制とは裏腹に、海賊の行動が衰えていないことを示している。

海上保安庁と海上ＰＭＣとの協力は公には伝わってこないが、シンガポールやマレーシアの治安部隊は時折連携訓練などを行なっているようで、海上保安庁もＩＳＣなど現地駐在員から情報を得るなどしてＰＭＣの活動を把握している様だ。

また、一部の日本船もマラッカ・シンガポール海峡の通峡時のみＰＭＣを雇(やと)うことがあるようだが、企業の損益に関るため、こうした事実が公に出ることはない。

●マラッカ海峡周辺各国の海賊対策

世界で最も海賊被害が多発するマラッカ海峡は、最も長い海岸線を有する南側のインドネシア、北側のマレーシア、そして、接続海面は少ないが海峡東端の入り口に当たるシンガポールが合同でパトロールを行なうシステムを構築している。

マレーシアの海賊対策はマレーシア海軍とマレーシア海上警察が中心となっている。海上保安庁はマレーシア海上警察と定期的に海賊対策訓練などを行ない、連携や技術教育を行なっている。

マレーシア海上法令執行庁（ＭＭＥＡ）は２００６年に設立されたばかりの新しい機関で、広域の事案などで各機関の調整や、教育を行なう。日本が寄贈した２６６トン級の練習船ＫＭマリーンを使って海賊対処の教育をする他、この船を使って海賊監視実務にも当てている。

尚、ＩＭＢは１９９２年にマレーシア・クアラルンプールに海賊情報センター（Piracy Reporting Center）を設置している。

ここでは海賊関連情報を収集し、政府関係機関や、航行船舶などに提供している。ただし、ＩＭＢは国際商業会議所にある民間団体であるため、情報提供などをするだけで、警備活動や法執行を行なうことはない。

シンガポールには沿岸警備隊（ＰＣＧ：Police Coast Guard）とシンガポール海軍沿岸コマンド（ＣＯＳＣＯＭ）が海賊対策を行なっており、ＣＯＳＣＯＭに所属する哨戒艇が海賊を発見、追尾し、ＰＣＧの特殊部隊がＲＨＩＢやヘリコプターを使って移乗し、犯人を逮捕する戦術を取っている。

海上保安庁はＰＣＧとも合同訓練を行なっており、海上保安庁の特殊部隊ＳＳＴとＰＣＧの特殊部隊（ＳＴＳと思われる）で共同訓練を行なったこともある。

シンガポールをベースにするアメリカ資本の大手民間武装警備会社の警備艇。

インドネシアには海上警察と運輸通信省の警備救難局沿岸警備隊があり、海上の法執行を行なう他、インドネシア海軍が海賊対策を行なっている。

インドネシアはマラッカ海峡に最も長い接続海域を持ち、さらに東方へと長い領土を持つ。また、大小1万7000もの島々があり、海岸線は複雑である。警備海域の面積は広大になるが、その割に海上警察と沿岸警備隊の規模が小さく、海賊対策は充分ではない。

そのため、インドネシアの海賊対策は海軍が主力となっている。東艦隊のバタム島には海賊対策センターを設置し、インドネシア独自の海賊情報収集と対処部隊の指揮を行なっている。

シンガポール、マレーシア、インドネシアは、2004年からマラッカ海峡の合同パトロール部隊（MSP：Malacca Straits Patrols）を立ち上げ、各国軍の哨戒機などがローテーションで上空から海賊の取り締まりを行なっているが、軍用機による哨戒だけにＭＳＰ任務と国防任務があいまいとなり危険性もはらむ。

●海賊撲滅の三つの要素

「海賊」というと日本では映画やアニメの影響で、ある意味、「自分の意思を貫くアウトロー」のような印象が強いが、法的に見れば、他人の財産を恐喝して奪う行為は犯罪であり、映画やアニメの世界とは程遠い。また対馬海峡などに15世紀以降出没した海賊である倭寇や北欧のバイキングなどの歴史から「海賊」という響きに古いイメージを持っているのも事実である。

こうした認識が一般国民に定着しているだけに、海上保安庁の業務に海賊対策があることを知らない人も多いようだ。海賊が犯罪者であることを認識し、海上保安庁の業務を理解することが国民にも求められる。

さらに、船会社の金品での処理や目撃を見て見ぬふりをするなどの行為も、海賊対策上好ましいとはいえない。船会社への教育や海賊情報の提供をＩＳＣなどに通報することを徹底させることも、海賊撲滅に必要なファクターである。

そして、一番重要なファクターが国際協力である。今後の国際協力体制の強化は不可欠だが、日本政府が提唱し、海上保安庁も参加するＩＳＣが、インドネシアとマレーシア両国の協力を得ることが、海賊撲滅の鍵となっていることは間違いない。

マラッカ周辺三国ＭＳＰ任務を超えた、国際的な新しい監視体制が必要であり、その意味で新しく設立された海上保安庁の海賊対策室は極めて重要なポジションにあるといえる。

第１１章

海上保安庁が開発！回転翼機用降下器

柿谷哲也

スライド式ラペリングの方法で、ラフトにピンポイントで着地した特殊救難隊員。着地後Ｍ２スライダーを外し、救助活動に入ることができる。

●ヘリコプターからのボーディング

容疑船に対する船舶立入り検査においては、特警隊や特殊警備隊（ＳＳＴ）によるボーディング・チームがＲＨＩＢ（複合艇）やヘリコプターを使って容疑船へ移乗（ボーディング）する。

このうちヘリコプターからのボーディングは最も短時間で移乗できる方法として、海上保安庁だけでなく、世界の軍や海上報執行機関が取り入れている。

しかし、ヘリコプターからのボーディングは天候や容疑船の形状など制約が多く、最優先となる「安全」が確保できない場合はボーディングが中止される事態となる。

しかし「安全」を優先するばかりに「スピード」が犠牲になり、容疑者に時間的猶予を与えることも望ましくない。最悪の事態は反撃されることも予想される。

それだけに、「安全」と「スピード」の両立はヘリコプターからの降下では両立しないとさえ言われてきた。

海上保安庁はこの難題にあえて取り組み、問題を解決する、まったく新しい降下方法を完成させたのである。

本題を後回しにし、まずは基本となる降下方法から説明しておこう。一般的に船舶の上甲板に降下する方法としてはラペリングとファストロープ、ホイストの三つがある。

●ラペリング

ラペリングは機内のハードポイントにロープを結束し、降下員はロープにカラビナやエイト環などのツールを通し、ロープとツールの摩擦で降下速度を調節しながら降下する方法。ロッククライミングの手法を取り入れた方法で、「懸垂降下」と呼ばれている。

使われるロープはダイナミックロープと呼ばれるタイプで芯となるロープに被覆を合わせている。この芯ロープに「より」が掛かるようになっていて、ロープ自体に伸縮性をもたせてある。

降下する高度はロープの長さで決まるが、通常は高くても30ｍが普通だが、技術的にはそれ以上も可能だ。

降下器となるツールも目的に合わせて数種類あり、その代表はカラビナとエイト環だ。身体に装着したハーネスにカラビナを取り付ける。

カラビナはD型や楕円型、梨型など環状の金属（ステンレスやアルミ）のツール。ゲートが付いており、ゲートを開くことによってロープを環の中にくぐらし、抵抗ができるように結び、ゲートの安全環を締め降下準備が完了する。

降下中は手でカラビナとロープの角度を変えながら抵抗を調節することにより速度を調節することができるが、降下中に降下を停止することはできない。つまり、敵が攻撃してきたなどの理由で降下を中止し、ヘリコプターともども離脱することはできない。

さらに、ロープをカラビナに巻きつけることで制動力を得ているため降下するときの摩擦でロープ自体に回転力が発生し、また、三つ縒りのレンジャーロープではさらに引っ張りとは逆の方向に縒りを戻す回転力も発生する。

　これがラペリング時の回転の原因となっている。降着する目標から目を離したくなくても、回転が始まれば足元に地面が接近するまで体が正対する方向は分からず、海上で揺れる船舶に降りる際には危険である。

　着地後はカラビナのゲートを開いてロープを外す。一般的にカラビナはハーネスのDリングに装着するのが基本だが、海上保安庁のＳＳＴはカラビナをハーネスの帯部に装着している。これは降下後、活動中にDリングとカラビナがカチャカチャ音を立ててぶつかることを避けるためである。

　エイト環（ツノ付き）と呼ばれるツールは、８の字型した金属で、カラビナに取り付けて使用する。

「くびがけ方」と呼ばれるロープのぐらせ方で、降下はさらに制動力を高まり、降下中ツノにロープを巻けば空中で停止することもできる。

　30ｍ以上の高い高度の降下で、途中で速度を調節しながら着地に微調整が必要だったり、ロープからぶら下がった状態で、着地地点まで移動するときなどに有効。また、制動力が高いために装備が重いときにも有効である。

　しかし、ロープがよじれるなどの欠点や着地後、ロープから切り離す時間が必要だったり、さらに船内活動中では、まったく不要のものになるためじゃまになる。

化学防護服を着用した特殊救難隊員がスーパーピューマからシングルロープによるＭ２スライダーを使用した降下を行なう。

着地後のロープとの解除は１秒を要しない。

●ファストロープ

ファストロープは一本の太いロープをホイストフックなどの支点に装着し、キャビンからロープを突き落とすことで、ロープの重さで自然にテンションが張られる。降下員は降下器（ツール）を使用せずに手と場合によっては足を使って自分の力だけを使って降下する。高度は約20mからの降下。

一度に数名が次々に降下でき、着地後は降下器とロープを外すなどの作業はまったくなく、すぐに射撃体勢（警戒態勢）につくことができる。

ボーディングには最も適した方法といえそうだが、欠点もいくつかある。ロープの投下はやりなおしがきかず、一度落としたロープが着地地点になる。

狭い甲板への投下は特に難しい。身体とロープは何も繋がっていないので、降下途中で降下中止はできない。

雨天時などロープやグラブが濡れた状態では滑り（すべ）やすく危険なので降下できない。つまり、この反対に、晴天の作戦で、降下地点に広さがあり、降下高度も低く、反撃の可能性が少なければこれほど目的にあった降下はない。

●ホイスト

ホイスト降下にも振れておく。ホイスト降下は最も安全だが、ウインチによるワイヤーの繰り出しだけに降下するスピードは遅く、一回の降下手順で最大で2名しか降下できないので、立入り検査では使われない。ただし、部隊が移乗後、検査機器類などの物資が入ったバックを届ける際にホイストを使うことはある。

●全てを克服した降下ツール

シットハーネスのDリングにカラビナを介したM2スライダーに13㎜スタティックロープを通した状態。

海上保安庁が開発した新型ラペリング用ツールは世界で初めてヘリコプターからのラペリング専用降下器。早く！安全！確実に！すべての要求を満たした新型降下器M2スライダーは、ファストロープより安全で、ファストロープより早く、そして複数のロープで複数名が降りれば、ファストロープより多くの隊員を同時に降着させることができる。

世界の特殊部隊の常識を覆す可能性のある画期的なツールである。既存のラペリングの問題点と配備されたばかりのM2スライダーを紹介しよう。

こうした降下方法の問題を解消するために、世界でも最高レベルの海難救助技術を持つ海上保安庁特殊救難隊と装備を研究する海上保安庁装備技術部の二つのエリート部署が力を合わせて完成させたツールが、世界初の回転翼機用降下器Ｍ２スライダーである。

モデルとなったのはオーストラリアのゴールドテール降下器。オーストラリア陸軍でも使われた実績のある画期的なツールだったがロープとの相性や空中停止、ロープとの解除、そして大きさ重さの問題などあるが、要求に満足に答える代物ではなかった。

このゴールドテールの仕組をさらに発展させることで新型の降下器開発が始まったのである。降下器の形状とロープの種類が大きなポイントとなり、降下に使用するロープには縒りが発生しづらい13㎜のスタティックロープを採用した。スタティックロープは非伸縮の編み上げロープで、縒りが掛かりにくい性質があるので、ロープが回転しにくい。

新開発の降下器Ｍ２スライダーはアルミ製の梯子状の降下器。カラビナやエイト環の代わりに使用するシステムである。梯子にロープを通すだけなので、ロープに縒りは発生しない。そのため不意の回転が発生することはない。

降下員は着地地点を視界から離すことなく安全に甲板に接近することができるのだ。万が一、降下中に降下中止の状況になったときはＭ２スライダーの端部にあるツノにロープを掛ける事でロープにぶら下がったまま現場を離脱できる。これはツノ付きエイト環の特徴と同じだ。

着地後は片手でＭ２スライダーのゲートを開きロープが離れる。このロープからの離脱時間は、５秒以上はかかるカラビナに対してＭ２スライダーは１秒足らず（１秒に満たない！）。

梯子は安全装置（スライドゲート）でロープが外れないようになっているが、片手で安全装置を外し、ゲートをスライドさせるだけで降下器とロープがはずれる仕組みになっている。

それも、わずか1秒足らずで片手でロープが外れるのである。動揺する船などでカラビナの解除に手間取り、ヘリコプターに引っ張られたり、障害物に衝突するなどの危険から身を防ぐことができる。

カラビナもエイト環も本来、登山用に作られて、ロープとツールが外れにくいように安全にできている。しかし、ヘリコプターからの降下では外れにくいことが、むしろ危険になる場合もあるのだ。

参考となったオーストラリアのゴールドテール降下器。安全に配慮しすぎて、ロープからの着脱が難しい設計。

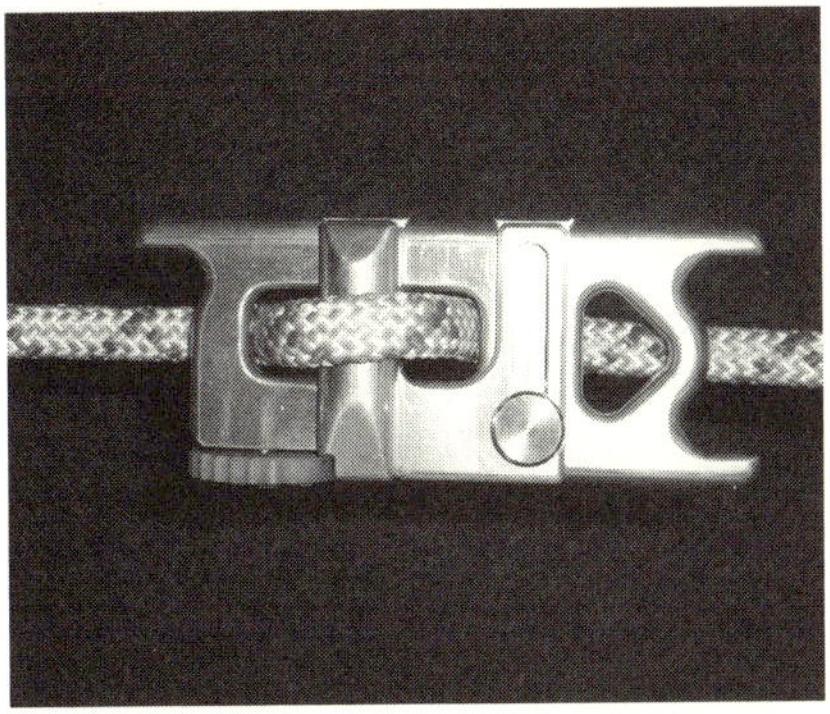

下にあるオムスビ型の穴にハーネスと連結するカラビナを通す。3ヶ所のツノは空中停止に使う。

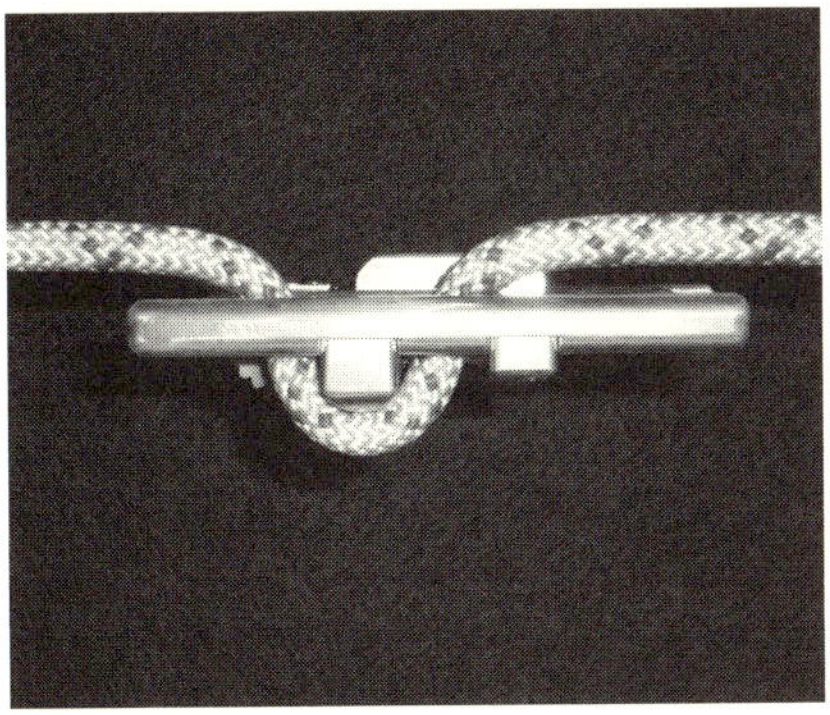

M２スライダーに13㎜スタティックロープを通したところを横から見る。

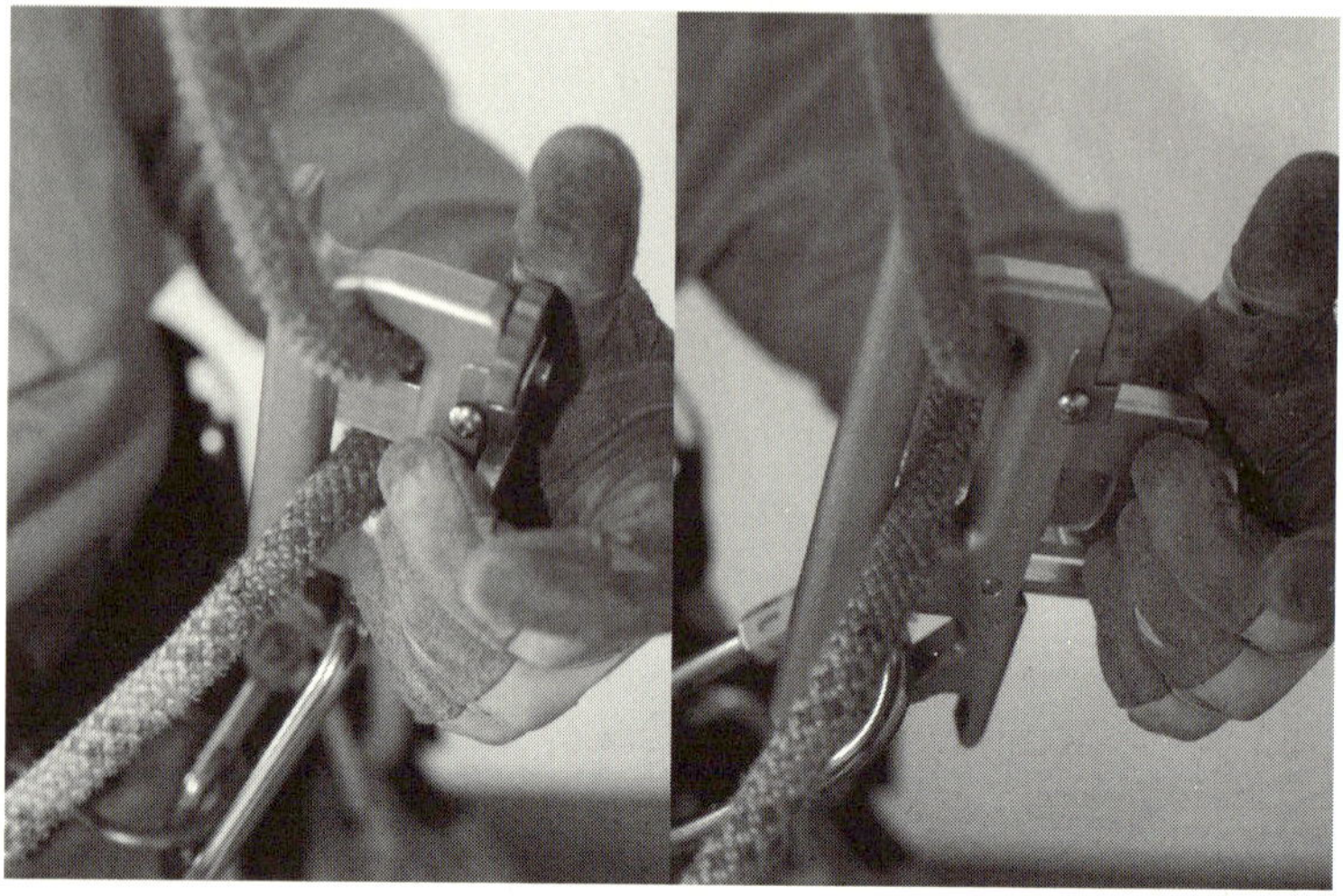

左手で安全装置を解除する様子。青いダイアルを回し、梯子のスライドゲートを開くだけ。

ただし、カラビナに比べてロープと降下器の接触面が少ない（摩擦が少ない）ため降下スピードは速く、ラペリング上級者向けである。しかし、一度この技術を修得したらこれ以上、安全確実な降下器はないと実感できるほど完成度は高い。

特殊救難隊ではM2スライダーを使って実際に救助を行なうなど、すでに活用されている。SSTなどがM2スライダーを使用しているかどうかはまだ明らかではないが、テストが行なわれていることは間違いないだろう。

新型降下器M2スライダーは、ファストロープより安全で、ファストロープより早く、そして、スーパーピューマやベル212のキャビンなら同時に4本のラペリングが可能なので、複数のロープで複数名が降りれば、ファストロープより多くの隊員を同時に降着させることができる。

4名の隊員に時間差を持たせれば、お互いに

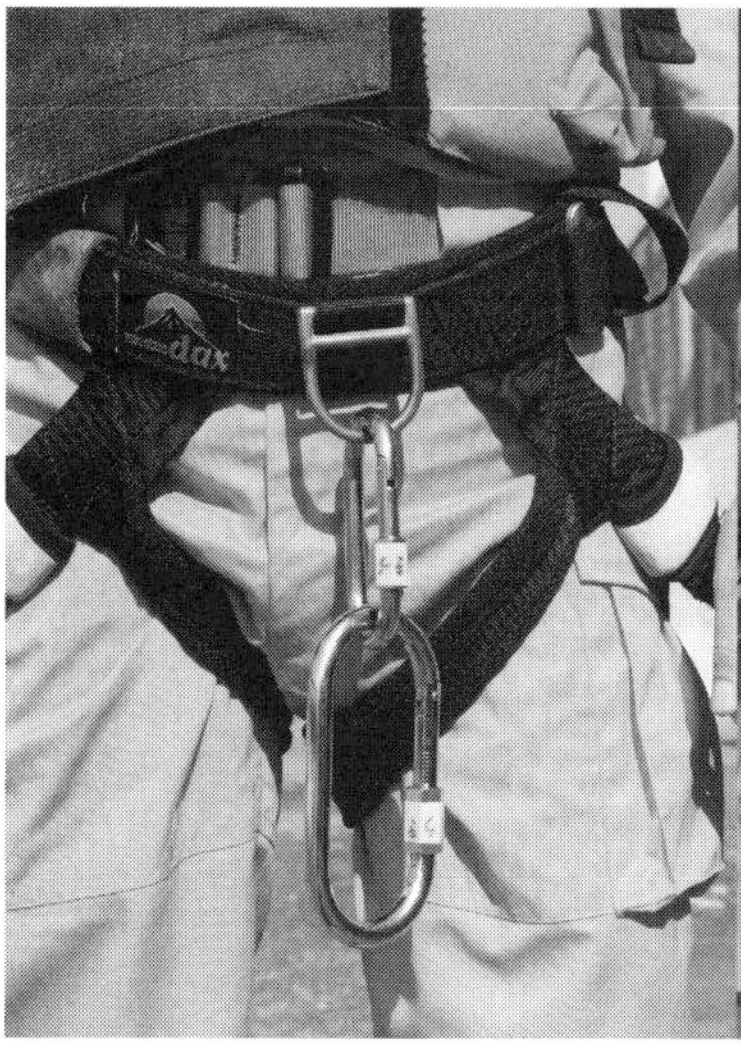

シットハーネスのDリングにカラビナ（小）を介し、降下に使うカラビナ（大）を装着した状態。

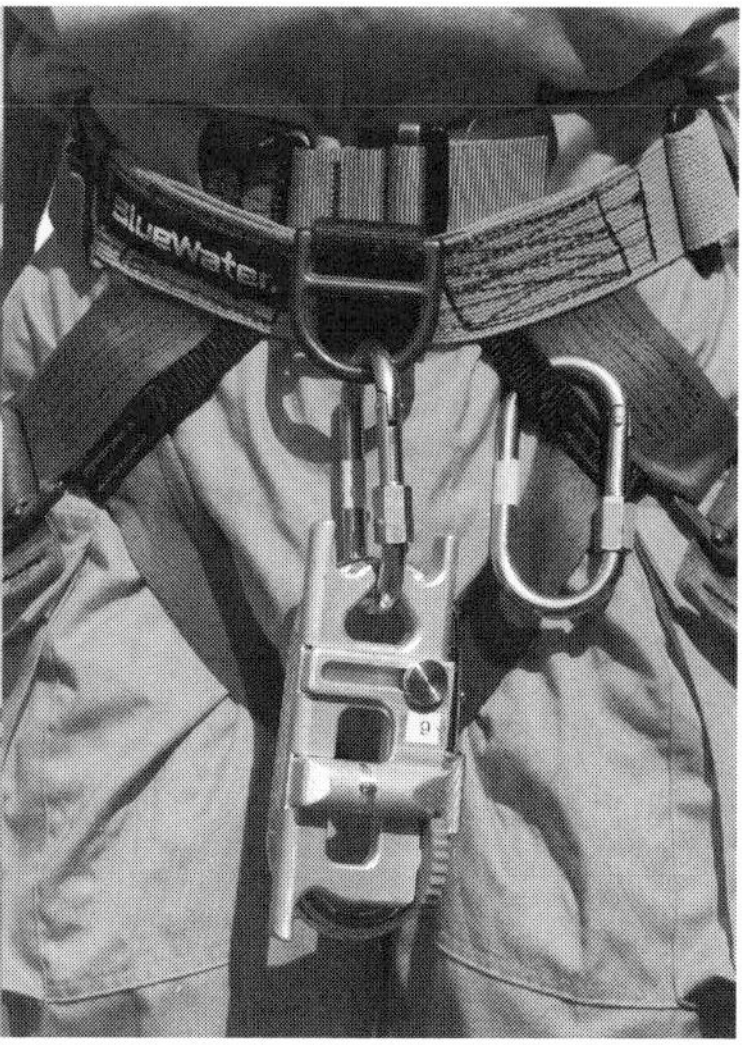

シットハーネスのDリングにカラビナを介し、M2スライダーを装着した状態。

カバーしながら周囲の安全を確認することもできる。こうした理由で世界の特殊部隊の常識を覆す可能性すらある画期的なツールといえるのである。

海上保安庁ではM2スライダーの特許を申請しており、日本のメーカーから発売されている。海上保安庁や消防、警察などファースト・レスポンダーだけでなく、自衛隊などのオペレーションにも有効な装備といえ、今後世界に広まることは間違いない。

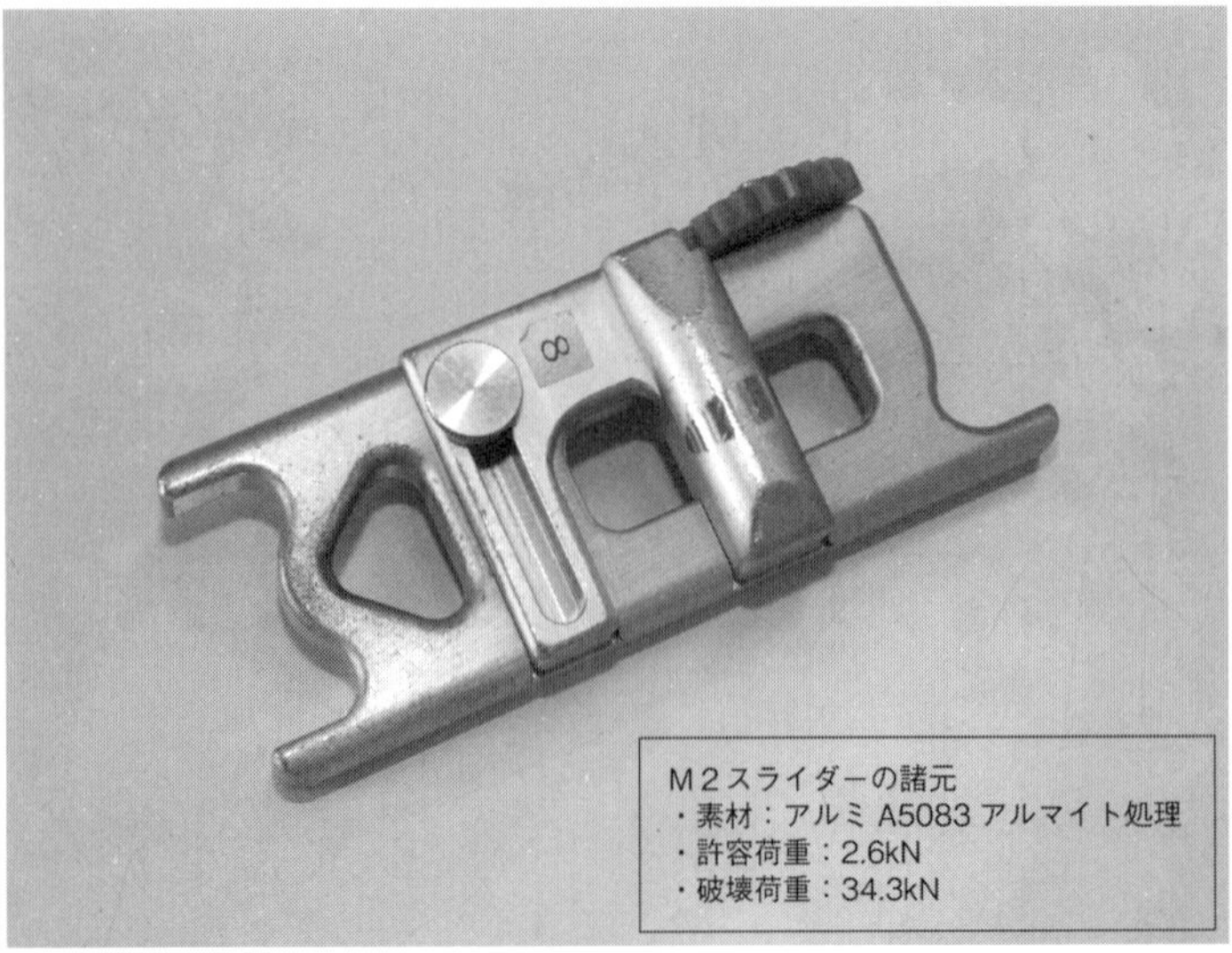

M２スライダーの諸元
・素材：アルミ A5083 アルマイト処理
・許容荷重：2.6kN
・破壊荷重：34.3kN

スライドゲートを閉じたところ。

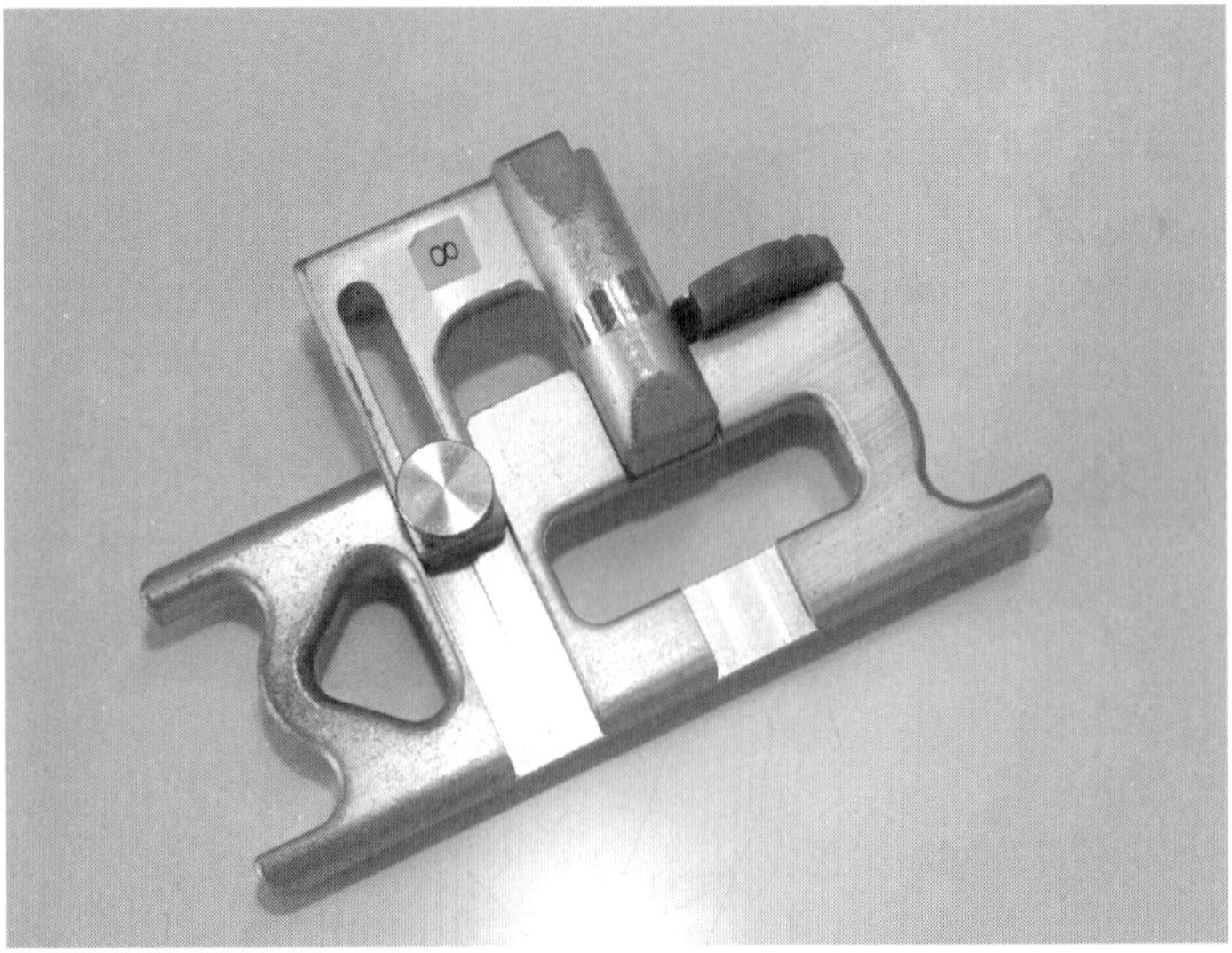

スライドゲートを開いたところ。

M２スライダーの特徴
・ロープの回転（振れ回り）防止により、これまでより高い高度の降下が可能
・ロープの回転防止により、降下中の隊員は着地地点を確認し続けることができる
・降着後、ロープからすばやく離脱できることによる安全化の確保
・カラビナより短時間で多くの隊員を安全に降下させることができる

第12章
海上保安庁が育てるアジアの新生コーストガード

柿谷哲也

特警隊が容疑者を確保する。容疑船の周囲に巡視船の搭載艇から89式小銃を構える隊員の姿もある。各国オブザーバーは後方の韓国巡視船から見学した。

●海上保安庁初の多国籍警備機関訓練に潜む問題点

２０００年、海上保安庁は北太平洋沿岸国（アメリカ、ロシア、韓国）の海上法執行機関に対して、各国の連携強化と、情報交換のネットワークを提唱し、これにカナダ、中国も加わった6カ国の海上警備ネットワークを構築することができた。これまで、長官級会合などを通じて、各国との意思疎通はできたとされる。

そこで、２００６年5月27日から6月1日まで、日本海などにおいて初の多国間訓練に踏み切った。これまで2国間での訓練やＰＳＩ（大量破壊兵器拡散防止構想）訓練で外国海軍との訓練はあったが、法執行機関のみによる多国間の訓練は初めてであった。

シナリオは二つのフェーズに別れ、フェーズ1は上海から出発した大量破壊兵器関連物質を輸送中と見られる容疑船舶を各沿岸国が連携して追跡するという内容。フェーズ2はプサン港において、各国共同による取り締まり訓練と救難訓練だった。

ところが、フェーズ1の開始直前に中国交通部海事局と韓国海洋警察が申し合わせたかのように参加中止を打診してきた。2カ国のドタキャンによってシナリオは大幅に狂い、ロシア連邦保安庁国境警備局とアメリカ沿岸警備隊、カナダ沿岸警備隊との4カ国合同訓練となった。

中韓側は理由について「予期せぬ業務が発生した」と海保担当者に説明している。中国と韓国の参加辞退の理由は明らかだ。韓国は、大量破壊兵器関連物質輸送の容疑がかかった船を船舶検査するというシナリオは北朝鮮を容易にイメージさせるのでできないということのようである。

そもそも、韓国は北朝鮮に対する融和政策を進めているため、不必要な誤解を生みたくないという理由がある。よってPSIにも加盟していない。このときは、当時の金大中前大統領の訪朝直前であり、また、5月31日の統一地方選挙で北朝鮮の問題が浮上しないように配慮したのではないかといわれている。

韓国海洋警察には特攻隊（トッコンテ）という特殊部隊があり、船舶検査にはこの部隊が投入される。もし北朝鮮船舶に対する船舶検査を行なう事態になった場合は、船舶検査の成功の鍵を握る、「制圧能力」と「コミュニケーション能力」の二つが必要になるが、特攻隊は平時から高度な訓練を行なっており、「制圧能力」は充分である。

そして北朝鮮船舶が相手なら、同じ朝鮮語を喋（しゃべ）ることになるので「コミュニケーション能力」はまったく問題ないのである。ならば、今回の訓練では北朝鮮を無用に刺激してまでも、訓練に参加する必要はないと判断したのである。

そして、問題は中国だ。中国側は参加辞退の理由を韓国と同じく北朝鮮への配慮としているが、中国は大量破壊兵器を装備しており、製造技術もある。もちろん船や航空機など輸出する手段も多く持っている。参加国は中国を疑（うたが）っているわけではないが、中国はこのシナリオが気に入らないとして、参加を直前で辞退したという見方もできる。

訓練自体はフェーズ1に続き、プサン港でフェーズ2が行なわれ、こちらは6カ国で参加することができた。もっとも実働訓練を行なったのは日本以外に韓国とアメリカ、ロシアだけで、訓練内容も水際対処の薬物捜査訓練と捜索救難訓練、船舶火災消火訓練といった内容だった。

多国間の会合や訓練では国際共通語として英語を使用している。6カ国の訓練では英語を母

プサンにおける6カ国共同訓練に参加した各国の巡視船。手前から韓国（2隻）とロシア、その後方にアメリカ沿岸警備隊と海上保安庁の巡視船が並ぶ。

国語とする国は2カ国のみ、残りは独自の言語を使い、日常的に英語を使う国はない。この点から見て、事前の調整で意思疎通ができていれば韓国と中国はフェーズ1に参加できていたのではないかと想像できる。

海上保安庁は日本周辺海域の不法漁船や不審船舶などの取り締まりなどで、朝鮮語や中国語、ロシア語などを使用しており、またアメリカ沿岸警備隊との訓練や会合などで英語を使っている。

外務省なみに外国語を使う機会が多いため、庁内での外国語教育は盛んだ。しかし、現場レベルでどの程度の会話力があるのかは、なかなか伺い知ることができない。

ヨーロッパ非英語圏の多くの部隊が、多言語を話すことができることに比べ、日本の周辺国のコミュニケーション能力は比較できないほど低いように思える。多国間での協力が不可欠であるがゆえに、日常的な連携や交流の枠組みが

アメリカ沿岸警備隊巡視船ラッシュのボーディングチーム。今回は太平洋タックレット（P－TACLET）のインストラクター１名が率いて訓練に参加。参加しなかったTACLETがいかに忙しい部隊であるかを示している。

必要である。

次に、日本周辺の海上法執行機関（警備機関）と海上保安庁の最近の訓練動向を取り上げてみた。

●海上保安庁と周辺国海上警備機関との関係

・ロシア

ロシアには、ロシア連邦保安庁国境警備局があり、陸と海の国境を警備している。現在の組織の前身である国境警備隊海上部隊の設立は１９２３年。２００３年に、現在の連邦保安庁に移管された。

全国に７つの管区があり、船艇は約７００隻を配備するとされている。国境警備局には特別海上検査局という特殊部隊があり、主に船舶検査など容疑船へ移乗して船内を制圧する任務を持っている。

飛行甲板付きの船舶を保有しないため、ヘリコプターによる移乗は行なわない。携行する装備もＡＫ74などのロシア製自動小銃をメインアームに使用し、マーシャルアーツなど格闘戦にも長けている。

オホーツク海では日本漁船を不法操業の疑いで拿捕するなど強硬な対処制圧で日本の漁業関係者には知られた存在である。

ロシア国境警備局は韓国海洋警察と対テロ訓練など特殊部隊が参加する訓練を行なっているが、海上保安庁とは捜索救難訓練のみ行なってきた。両国間での協力では密航防止や不審船対策なども盛り込まれており、今後は捜索救難に加えて警備訓練も増加することが期待できる。

・中国公安部・中国交通部海事局

中国には日本の警察に当たる公安部に海上取締り部門があり、警備船艇や航空機、銃火器、部隊などの数や能力はいっさい公表されていない。外国の警備機関との合同演習はいっさいないが、海上保安庁とは協力関係にある。

現場レベルでの共同訓練はないが、事務レベルの協議は定期的に行なわれている。その効果の表れとして、公安部からもたらされた情報によって密航者や覚せい剤密輸などの取り締まりに効果が上がっている。

中国には海上保安庁のカウンターパートとして交通部海事局という組織があり、こちらは主に捜索救助や、消防、水路などの業務を行ない、銃火器を装備する船艇や部隊はない。船艇の数は1300隻、人員は3万人とされ、平成16年の海上保安庁観閲式・総合訓練に同局所属船「海巡21」が参加した。

また、その翌年には海上保安庁から巡視船「さつま」が上海における総合捜索救難訓練に参加した。

・中国公安部・辺防管理局海警

中国にはもうひとつ、警察の機動隊の役割を持つ、全国辺防管理局海警部隊があり「中国海警」と呼ばれ、英訳ではCHINA COAST GUARDで表記されている。海に面する11省の自治区と直轄市に19（20とする資料もある）の海警がある。保有隻数は約1000隻あるといわれ、海軍でも使われている180トン級の哨戒艇と同型の218型の他、203型、204型、118型、976型、HP－1500型警備艇などを主力とする。最近、1001型と呼ばれる1000トン級の巡視船が就役している。海警に所属する船の色は2006年にそれまでの灰色から白色に変更された。乗船する隊員は陸上の武装警察と同様に自動小銃などを装備し、海

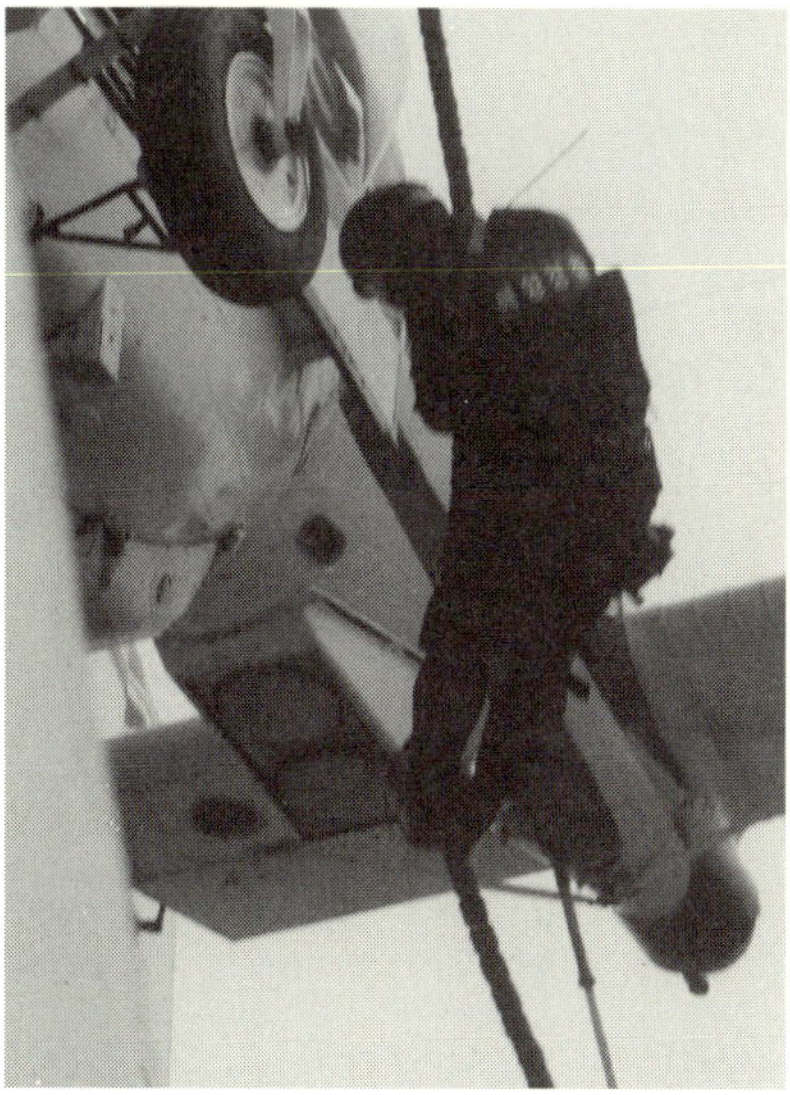

容疑船にファストロープで降着する韓国海洋警察特攻隊。カモフKa28の強力なエンジンが悪天候の作戦でも可能にする。しかし、降着した隊員は強烈なダウンウォッシュの影響も考慮する必要がある。

上テロや凶悪犯罪になどに対処している。中国海警と海上保安庁は相互訪問や合同訓練は行っておらず、今後の動向が注目される。

・韓国海洋警察

韓国の海上法執行機関（警備機関）として船艇247隻、航空機10機、人員9000名の勢力がある。海岸線や領海の面積に対してはかなり規模の大きな組織といえ、海軍との連携も高いレベルにある。

特に北朝鮮の工作船や潜水艇、半潜水艇などの侵入事件では、海軍と情報の共有や作戦の支援などを行なってきた。

特殊部隊の特攻隊は韓国のほか組織の特殊部隊同様にレベルの高い作戦を行なう。

海上保安庁とは本来同じドクトリンであるべき韓国海洋警察は、竹島の問題など政治面で対峙することがあり、両国にとってはマイナス面であるが、一方で、捜索救難から不法操業の取り締まり、不審船舶、テロ対策などで協力関係にあり、日本の周辺国の中で最も協力関係が進んでいる機関である。

特に、テロ対策訓練、捜索救助訓練で合同訓練を行なっており、また、相互の人材交流もあり、今後も協力関係は高まると期待されている。

平成16年の海上保安庁観閲式・総合訓練に参加した、中国交通部海事局所属船「海巡21」。
捜索救助、消防、水路などが主任務のため武装はない。

・台湾行政院海岸巡防署

日本とは国交がない台湾（中華民国）には海上保安庁に相当する行政院海岸巡防署がある。その規模は不明ながら、巡視船艇や特殊部隊である特勤隊などが配置されている。

最近では、２００５年８月に台湾が実効支配する金門、馬祖両島海域で操業する中国漁船を行政院海岸巡防署の巡視船約25隻が中国漁船37隻を包囲、特勤隊（特殊部隊）が中国船を臨検し漁民６人を拘束している。

また、２００８年６月には尖閣諸島付近の海域で発生した漁船と巡視船の衝突事故に端を発して、台湾側の抗議船が尖閣諸島を目指して抗議行動をとった時には台湾海岸巡防署の巡視艇が護衛を行ない、一部報道によると発砲の許可もあったという。

日本とは正式な国交がないことになっているが、日本と国境を接する政治的、経済的にも関わりが深い隣国であるため、人道面を優先に適切な配慮をとりつつ交流が不可欠な存在である。最近では巡視艇がたびたび東京港を訪問しているが、中国との外交上の関係もあるため、海上保安庁との協力関係は公式にはない。

海上保安庁にとっては政治的に表だった交流ができない台湾を除けば、韓国、中国、ロシアは常に連携を取り続ける必要のある特別な国々である。特に、中国の機関とは情報や捜査協力の面でさらに重要である。

テロ対策などの合同訓練は、そのシチュエーションが現実的でないのであれば、両機関の個別の訓練を相互開示して、能力を把握することが必要であるし、テロ対策専門の会合やホットラインの設立、情報の共有化も必要だ。

海上保安庁はこれらの国以外にインドや東南アジアなど諸外国の機関と連携をとっており、その主だった目的は海賊対策などの連携や情報の共有。そして、フィリピンにおいてはコーストガード設立に海上保安庁が大きく関わっている。

●海上保安庁のフィリピン海上保安人材育成プロジェクト

フィリピン沿岸警備隊は、フィリピン海軍の組織の一つとして1901年に創設した歴史のある沿岸警備隊である。1998年にはフィリピン海軍から運輸通信省に移管され、新しい組織として再スタートしている。

海上保安庁と訓練中のフィリピン沿岸警備隊。迷彩服や個人装備など多くの備品を海上保安庁が決めたものを採用している。

フィリピン海軍はいまだに第2次世界大戦中に就役した米軍供与艦で元海上自衛隊護衛艦「はつひ」など旧式な艦艇を保有し、海軍力は海兵隊上陸作戦のための陸戦兵力とその支援に注いでいる。そのため哨戒艦装備や教育システムなどの予算が限られ、沿岸警備隊が海軍傘下だった時代は、予算不足がそのまま沿岸警備隊の活動に影響していた。

フィリピン周辺海域は海賊による商船の襲撃やインドシナの麻薬供給源からの海上輸送ルートなど、海上犯罪多発地域となっている。日本や近隣諸国の国益に大きく関わる海域でもあり、沿岸警備隊の能力がこれらの事案の撲滅に大きな鍵を握ることになる。

そこで、日本政府はフィリピン政府からの要請に基づき、2002年7月より2007年まで、国際協力機構（JICA）のプロジェクト方式技術協力として「フィリピン海上保安人材育成プロジェクト」を実施した。海上保安庁などから、法令励行、救難救助、海洋環境の長期専門家ら期間を通じて約25名ほどをフィリピンに派遣して、フィリピン沿岸警備隊の職員を育成するための基本的な研修教育を始めたのである。

プロジェクトに関わった職員がまず行なったのは警察機関として法令から徹底的に教育することであった。フィリピンでは慣例的に汚職や贈収賄が広くはびこり、社会の発展にも大きな影響を与えてしまっている。

フィリピン沿岸警備隊にもこの汚染が拡がると、正しい取り締まりや、警察比例の原則が順守できない可能性も出てくる。日本船籍や日本が関わる商船が多く行き来する海域に面しているだけに、日本はフィリピンに援助して沿岸警備隊の設立を支援したのである。法令励行ではこのほか海賊対策の専門家の育成や法執行の専門家教育を行なう。

また、海洋環境のプロジェクトでは、油回収装置、油水分離装置、オイルフェンスなど日本から供与され、専門家の教育などが行なわれ、救難救助のプロジェクトでは、潜水訓練用水槽や訓練シミュレータなどを装備する救難訓練施設の設立も含まれる。フィリピン沿岸警備隊の近代化には海上保安庁が大きく関わり、これにより、東シナ海・南シナ海海域での安全や環境対策が向上することになり、日本の船舶や流通・経済の安定にも寄与することになる。

第13章
大量破壊兵器拡散に対する国際的な枠組PSI

柿谷哲也

2004年、ドイツ・ハンブルグ国際空港で行なわれた演習ではルフトハンザ航空貨物機を使って、国境警備隊、税関（Zoll）などの機関が参加。海上保安庁もオブザーバーが参加している。

●世界的な包囲網を目指すＰＳＩ

核兵器（N）、生物兵器（B）、化学兵器（C）、放射能兵器（R）はひとまとめで「大量破壊兵器」と称され、地球上にある兵器の中で最も非人道的で、最も社会的な影響を与え、最も対処の難しい兵器であるとされる。開発に高度な施設と技術が必要になる高価な兵器もあるが、理科の実験室程度の施設で開発できる安価な化学兵器などもあり、兵器の種類によっては国家でないテロ組織でも容易に入手できるとされている。

世界で23か国の政府が保有を認めており、この大量破壊兵器は、弾道ミサイルなどの「製品」となって一部の国はそれを輸出し、または技術を供与するなどし、大量破壊兵器保有国は全世界へと広がりを見せつつある。

大量破壊兵器を開発する国は、その材料や加工技術などを海外から輸入し、また開発した大量破壊兵器を今度は第三国に輸出することが懸念（けねん）されている。

大量破壊兵器が拡散することは世界の軍事バランスを崩壊させ、テロ活動の活発化にも繋がる危険性がある。そのためＰＳＩ参加国は、完成した大量破壊兵器だけでなく、大量破壊兵器の材料、製造するための工作機械などをも含めて、輸送する手段である、船舶や航空機、車両などを、国内法や国際法などあらゆる法律を使って阻止することを目指している。

これまで各国は独自に監視体制を築き、同盟国などと共同で輸出輸入の監視を続けていた。しかし、監視を行なうには世界的な枠組みが必要であることから２００３年にアメリカのブッシュ大統領が訪問先のポーランドでＰＳＩ（Proliferation Security Initiative）という構想を打ち出し、各国が共通課題として取り組むようになった。

当初、コアメンバーと呼ばれる、日本を含む11か国がこの構想に参加し、ＰＳＩの発展のために中心的な役割を果たし、現在は85か国以上が支持を表明している。

ＰＳＩは「機関」や「機構」といった国際組織ではないので、参加各国をまとめる主軸機関というものは存在せず、会議や訓練の日程は各国の外交担当省庁が各国と調整している。日本では外務省の総合外交政策局の軍縮不拡散・科学部が担当し、各国や国内機関との調整を行なっている。また、実際の事案に対する調整は各機関のカウンターパートがホットラインなど手段などで情報を共有することになる。

ＰＳＩは当初、日本語で「大量破壊兵器拡散防止構想」「拡散安全保障イニシアチブ」などと呼ばれたが、現在では外務省が使う「拡散に対する安全保障構想」という言葉で統一している。

●ＰＳＩの鍵となる各機関の連携

大量破壊兵器の「商品」である弾道ミサイルなど大型の完成品は輸送手段が限られてくるが、少量の物質や機械ならば、素早く運べる旅客機や定期貨物機も使われる可能性があり、陸続きの国境を持つ国であればトラックや、自家用車もその対象となる。

そして最も利用される可能性が高い輸送手段が、一度に大量の輸送ができるなどの理由で貨物船や偽装漁船などによる海上輸送が挙げられる。洋上で受け渡しをすることで密貿易や輸送船舶の隠蔽(いんぺい)などが行ないやすい点も海上輸送を選択する理由だろう。

こうした輸送を阻止することがPSIの目標であり、そのために欠かせない連携を演習によって技術力を高めていくのである。国内の関係機関が協力して行なう各種の合同訓練でさえ、異なるシステムや運用、用法などを統一するための調整が必要になり、多機関の連携がいかに、難しいかがよく問題となるが、PSIの場合は国家を超えて連携しなければならない。

PSI参加各国は陸海空軍・防衛機関や沿岸警備隊・海上保安機関などの海上方執行機関、原子力関係機関、そして税関や警察、消防機関、港湾当局、医療機関などに協力を求め、PSIに対する知識と対処能力を高め、また多国間・多機関で情報を共有しながら連携の向上を強化している。そのために各国は、年に数回の会合と演習を行ない、2008年10月までに世界各国で36回の演習を行なってきた。

演習は一年を通じ6~7回ほどシナリオを設定し、指揮所演習と実働演習の2段階で数日間行なわれる。演習シナリオは陸上、海上、航空を舞台に、ホスト国の環境にあった現実的なシナリオが設定される。

陸続きの国境を持つ国であれば、トラックなどによる容疑物質の陸上輸送を阻止する訓練(陸上阻止訓練)が行なわれている。特にヨーロッパのPSI参加国で行なわれ、容疑トラックの情報を多国間で共有し、国境警備隊などの警察機関が取り締まり、消防などのNBC対処部隊が容疑物質の検知と安全化を行なうなどの訓練が行なわれてきた。

日本は陸地の国境が無いのでこうしたシナリオ設定は不可能だが、PSIの趣旨や対処の手順、各機関の連携方法など学ぶべき点は多いため、外務省職員や駐在武官らがオブザーバーと

2006年ダーウィンで行なわれた航空阻止演習でオーストラリア陸軍即応対処連隊（IRR）などの部隊がロボットを使って容疑物質の安全化を行なう。日本の警察や税関も参加した。

して演習に参加している。

航空機を使った輸送を阻止する訓練は航空阻止訓練と呼ばれ、特に一般乗客の乗った旅客機を使った容疑物質の輸送阻止は難易度が高い作戦となる。飛行中の容疑貨物機や旅客機が、目的地の飛行場に着陸し停止した後、NBC対処部隊と法執行部隊が航空機の周囲を対処する方法や、上空を飛行中の容疑航空機に対して短距離空対空ミサイルで武装した空軍などの戦闘機が誘導して、NBC対処の準備が完了した飛行場に強制着陸させる方法もある。

このシナリオを想定した実働訓練「パシフィック・プロテクター06」は2006年にオーストラリア・ダーウィンで行なわれ、オーストラリア上空を通過するボーイング757旅客機を同国空軍の4機のF／A-18Aホーネット戦闘機がインターセプト（要撃）し、ダーウィン空港に強制着陸させる場面から始まった。この訓練には日本から外務省の他、警視庁と警察庁の

ＮＢＣ捜査隊、財務省から東京税関、そして防衛庁（当時）から統合幕僚幹部が参加している。

ＰＳＩ演習で日本の警察や税関が参加するのは初めてであり、これらの組織が外国の軍隊との合同演習に参加するのも初めてである。戦闘機の誘導によって着陸した旅客機はダーウィン空港着陸後、東京税関職員が乗客の避難誘導し、警視庁ＮＢＣ捜査隊が貨物室内の容疑物質の検知活動を行なった。検知活動と除染活動はシンガポール陸軍、イギリス陸軍、オーストラリア陸軍、オーストラリア放射線防護核安全庁のＮＢＣ対処部隊も実施した。

極東アジア地域で航空阻止訓練が行なわれたのはこのときが初めてであり、極東アジアのＰＳＩ参加国で最もＰＳＩに力を入れている日本、オーストラリア、シンガポールの各関係機関が連携を強化した形となった。

●難易度の高い海上阻止

毎年数回行なわれるＰＳＩ演習の中で必ず盛り込まれているシナリオが船舶による輸送を阻止する海上阻止演習。大量破壊兵器は海上ルートによる輸送が最も可能性が高く、また実施に当たっては相手の危険度や海面の天候が大きく左右するだけに、阻止する側にとっては最も高度な連携が必要となるからである。

海上での輸送阻止作戦は、各国の軍隊などでＭＩＯ（Maritime Inspection Operation:「ミオ」と発音する）と呼ばれ、海軍の作戦行動のひとつとされている。作戦が突発的に始まることはなく、情報機関などの長期的なデータの蓄積や監視活動からその兆候を突き止め、確度の高い不正取引の情報があれば、政府は各機関に協力を求め順序だてて慎重に進行する。

一般的には容疑船舶の捜索→発見→追跡→停船指示→制圧及び検査部隊移乗→捜索→容疑物質の検査→容疑物質の安全化→港への連行となる順番で進められ、この一連の流れを1つの機関だけでなく、各機関が連携して進めるのがＰＳＩ対処の特徴といえる。

特に容疑船舶の積み出し国と到着国、経路上の沿岸国との連携が重要となり、情報収集は各国の捜査機関や税関、港湾局などが協力して情報を共有することが求められる。捜索から拿捕までは海軍の艦艇や哨戒機、さらには空軍の監視機や戦闘機など軍の機動力と監視能力や、作戦に参加する艦艇や航空機同士の連携、さらに地上の各機関との通信能力も求められる。

そして、一連の作業で最も危険な任務が容疑船への立ち入りである。ＭＩＯは相手の正体や武装の有無も判断できない状態がほとんどであるため、通常は小銃などの火器を携行した軍や法執行機関の特殊部隊、またはそれに準じたエリート部隊が船内を制圧することになる。

容疑船にヘリコプターやボートを使ってボーディング（移乗）し、場合によっては水中からダイバーが乗り込むケースも想定している。移乗した特殊部隊は二班以上に分かれ、一班は操舵室を制圧し、船長を尋問し書類の検査を始め、同時に別の班が機関室を制圧し、船の行動を止める。続いて生物化学などの取り扱い専門家（通常は軍などのＮＢＣ対処部隊）が積荷から容疑物質を捜索し、発見次第、物資の安全化を行なう。

つまり、通常の容疑者を捕らえるようなＭＩＯの作戦や、軍事行動の殲滅（せんめつ）作戦とは異なり、ＰＳＩのＭＩＯ作戦は制圧部隊による船内での適切な制圧（比例原則の遵守）、ＮＢＣ専門部隊（または専門家）による迅速な容疑物質の特定と安全化、そして法務の専門家部隊による正しい法執行の全てが機能しなければ成功しないことになる。

日本のPSIへの取り組みもMIO（日本では「船舶立入検査」と呼んでいる）に重点を置き、海上保安庁と海上自衛隊が中心となって容疑船舶を拿捕・船舶立入検査する体制をとっている。両組織は行動のための関連法規が異なるため、政府が状況によって投入を判断する。

海上自衛隊による船舶立ち入り検査は周辺有事において日本政府が行なう経済制裁の実施に関わる場合においてのみ実施され、国連安全保障理事会の決議や、その対象船舶が掲げている国旗の国の同意を得て実施するなど制約がある。

平時においては、警察権のある海上保安庁が拿捕から船内立ち入り検査まで行ない、周辺事態有事となったときには、国際法に照らして海上自衛隊が対処することができるのである。平時のMIOで海上自衛隊が行なえるのは追跡と監視であり、海上保安庁が移乗して船内を検査することになる。

●日本のPSIの取り組み

日本はこれまで5度のPSIの実動演習に参加し、海上保安庁は4度参加した。そのうち2度は海上保安庁が主導的な立場で実施している。

2003年に行なわれた、第1回PSI演習「パシフィック・プロテクター03」はオーストラリアで開催され、オーストラリア海軍・空軍・税関、アメリカ海軍・沿岸警備隊、フランス海軍が参加し、海上保安庁主導でMIOが行なわれた。

アメリカ海軍軍事輸送部門（ＭＳＣ）所属の４００００トン級貨物船（事前集積船）を想定容疑船として、各国の哨戒機2機と艦艇5隻が周辺から監視を行なう中、海上保安庁巡視船「しきしま」から発進した2機のＡＳ３３２輸送ヘリコプターから11名の特殊警備隊ＳＳＴがファストロープ方法で容疑船の甲板に降下、もう1機は上空から援護射撃体制をとり、さらに近傍の海上からは2艇の搭載艇から「しきしま」特警隊が12・7㎜機関銃で警戒した。

続いて乗船したアメリカ沿岸警備隊戦術法執行部隊（ＴＡＣＬＥＴ）と共同で船内を捜索し、発見した化学物質をＢＣ対処能力のある海上保安官によって安全化が行なわれた。集結した各国海軍艦艇が最寄りのブリズベン港まで容疑船を誘導し訓練を終了。初めてのＰＳＩ演習でありながら、海上保安庁のＭＩＯ能力の高さが見て取れる演習となった。

以降、２００4年には初めての日本主催のＰＳＩ演習「チーム・サムライ04」が開催されたが、初めてＰＳＩに参加した海上自衛隊の立入検査部隊と、海上保安庁の立入検査部隊による連携作戦は行なわず、また港湾での容疑物質検査訓練も行なわれず、両機関の連携やシナリオに疑問の残る演習でもあった。

続く２００5年には複雑なシナリオのＭＩＯ演習「ディープ・セイバー05」がシンガポール主催で約1週間にわたって行なわれ、海上保安庁巡視船「しきしま」と海上自衛隊護衛艦「しらね」が初めて同じシナリオ上で訓練を行なった。この訓練に海上自衛隊からは初めて航空部隊としてＰ－３Ｃ哨戒機を参加させている。この演習には容疑船から陸揚げされた容疑物質のコンテナを港においてシンガポール港湾局の協力で検知と除染を行なうなど、これまでにない大掛かりな訓練となった。

２００７年に行なわれた2度目の日本国内でのＰＳＩ海上阻止演習「チーム・サムライ07」は、参加国7カ国、参加艦船10隻、日本の主催としては最大規模になり、３日間の日程で毎日異なるシナリオだったが、初日と2日目を海上自衛隊が各国海軍などと連携し容疑船を制圧。各国のボーディング・チームが個別に制圧手順を披露した。シンガポール海軍ＮＤＵも参加し、日本でアメリカ軍以外の特殊部隊が訓練に公に参加したのは初めてとなった。

３日目の訓練は横浜港の大桟橋において容疑物質の取扱手順などについて、シンガポール陸軍ＣＢＲＥ－ＤＧ、陸上自衛隊の特殊武器防護隊、警視庁・警察庁ＮＢＣ捜査隊、オーストラリア税関ＢＥＩがそれぞれ順番にコンテナ内の容疑物質の検知活動、除染活動などを行なった。海上保安庁は横浜税関、警察庁が合同で容疑船舶の立入検査を行なった。「チーム・サムライ07」では海上保安庁はこれまでの演習になく規模の少ない参加であった。

ＰＳＩ参加国は大量破壊兵器の輸送を特定の国や組織が行なうこと想定してはいない。しかし、過去にはヨーロッパに向かう北朝鮮の貨物船をアメリカとスペインが共同で拿捕し、船内から弾道ミサイルを発見したケースもあるため、北朝鮮は大量破壊兵器の拡散を行なう可能性の極めて高い国であるとされている。

北朝鮮の周辺国で最も影響力のある中国は大量破壊兵器を製造している国でもあるので、ＰＳＩの協力国とはなり得ず、また隣国の韓国は北朝鮮との融和政策（太陽政策）を執っているため、やはりＰＳＩに参加していない。こうした意味で極東アジアだけでなく、世界全体の平和と安全のために大きな期待を寄せられているのが日本であるのだ。

２００６年の北朝鮮制裁で船舶立入検査の制裁を項目に加えるかどうか議論されたが、現実

2005 年のシンガポールでの演習における、「しきしま」特警隊とシンガポール海軍特殊部隊 NDU。

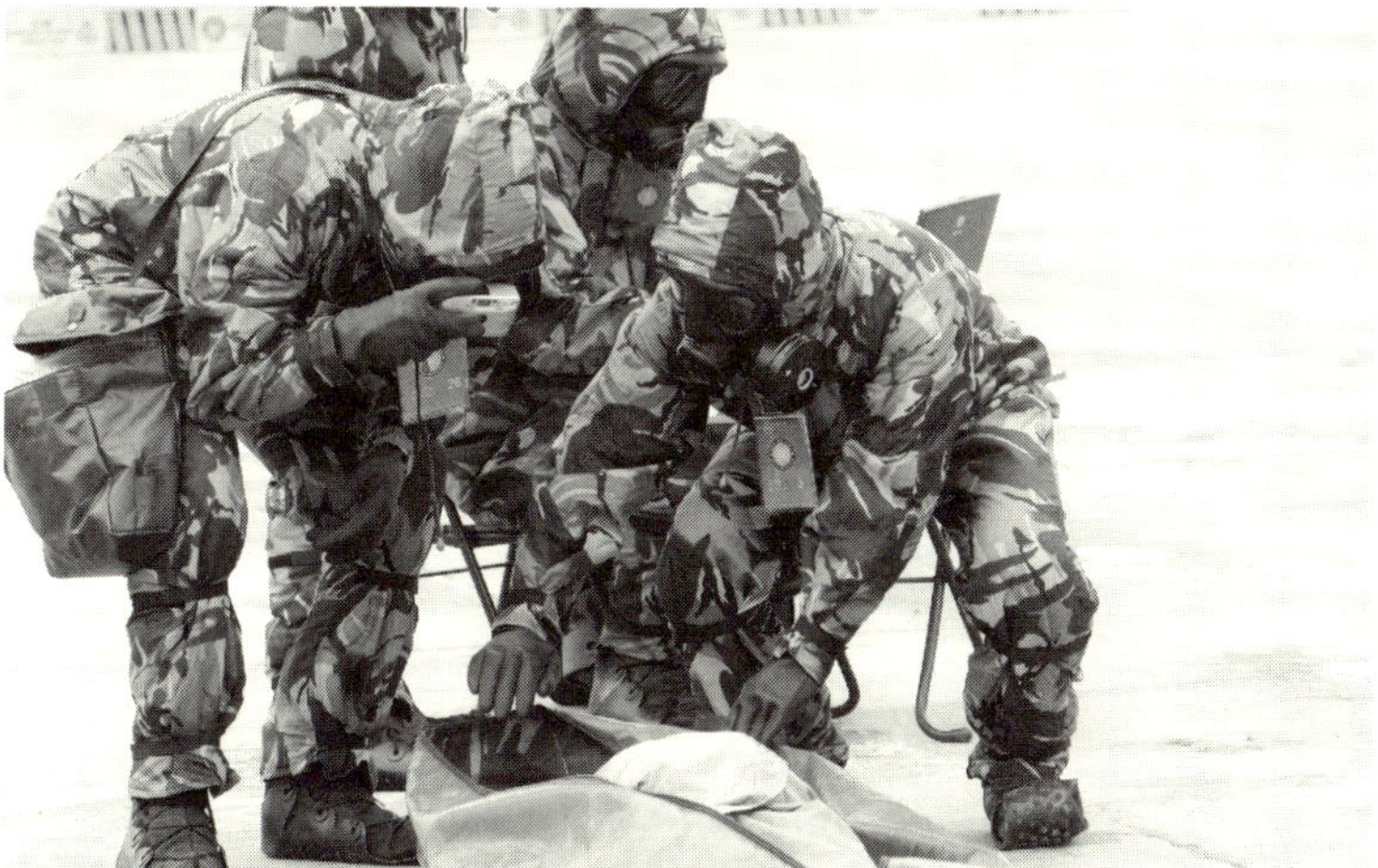

2006 年トルコでの演習で逃走中に化学物質を浴びて死亡した容疑者を、検視するトルコの警察官。

に公海上、領海内を問わず日本周辺海域において各国共同でＭＩＯ作戦が行なわれ、ＮＢＣ関連物質が発見された場合、曳航先となる日本の港ではどのような体制で容疑物質を扱うかまでは想定していなかった。

日本政府は、ＰＳＩだけでなく、アジア地域の国々にＰＳＩの活動を理解させるためのアウトリーチ活動であるアジア不拡散協議（ＡＳＴＯＰ）の開催などを外務省が中心となって推進している。その一方で日本国内機関におけるＰＳＩの理解がさらに必要であるという見方もある。

第14章

ＳＳＴのボーディング・フォーメーション

柿谷哲也

拡散に対する安全保障構想ＰＳＩの第１回目の演習で、容疑船を追跡する海上保安庁巡視船「しきしま」。

ＰＳＩ演習に見る特殊部隊ＳＳＴのボーディング

●海上保安庁が主導する第１回ＰＳＩ演習

２００３年9月12日から14日に行なわれた、第1回目のＰＳＩ「拡散に対する安全保障構想」多国間合同演習パシフィック・プロテクター03はオーストラリアがホスト国となり、クイーンズランド州グラッドストーン沖で開催された。

オーストラリアは海軍と税関から艦艇と航空機を参加させ、日本は海上保安庁、アメリカは海軍と沿岸警備隊、フランス海軍は航空機を参加させている。海上自衛隊と防衛庁内局（当時）もオブザーバーとして参加している。

世界的に懸念が広がる大量破壊兵器の拡散を阻止するために各国がどのように協力できるのか、ＰＳＩは安全保障の将来に大きく関わるだけに多くのメディアが取材に訪れ、35名の記者が各国の艦船に分乗して取材し、ＳＳＴのベースとなる巡視船「しきしま」では東京放送（ＴＢＳ）とシドニー・モーング・ヘラルドの2社も乗船している。

船舶立ち入り検査が行なわれる容疑船には1社も取材することができなかったが、オーストラリア海軍のコンバット・カメラ（撮影班）から1名が容疑船に乗り込み、訓練終了後にハンディ・ビデオカメラで記録した映像をメディアに提供することになっていた。

これまでＳＳＴが参加した外国機関との訓練展示では、ボーディングからブリッジ突入までの一連の動きは公開していないため、映像は貴重だ。この映像により、容疑船における船舶検

容疑船の後部ヘリ甲板に降着し、フォーメーションを組むＳＳＴ。（オーストラリア海軍撮影ビデオより）

査がどのように行なわれるのか、その一端を見ることができるようになったのである。

●多国籍軍タスクフォースと協力

演習はアメリカ海軍ＭＳＣ所属の輸送船が演じる日本船籍の商船トーキョー・サマー号を海上保安庁の巡視船「しきしま」を含む各国艦艇・航空機が追跡し、海上保安庁特殊警備隊ＳＳＴが米沿岸警備隊ＬＥＤＥＴ11と合同で立ち入り検査し、容疑物質の検知活動と安全化をすることを目的としている。

容疑船を日本船籍としていたのは公海上や排他的経済水域内においては海上保安庁が行政警察権を根拠に船舶検査を行なえるようにするための措置。日本政府が海上警備活動を始動させれば海上自衛隊も同様のケースなら立ち入り検査ができ、外国船籍の場合でも防衛省設置法の根拠で監視・追跡ができるとしている。

「しきしま」を支援するための艦艇はアメリカ海軍駆逐艦カーチスウィルバー、オーストラリア海軍フリゲイト・メルボルン、補給艦サクセス、オーストラリア税関警備艇ボタニーベイ、オーストラリア税関のダッシュ8洋上監視機も参加している（フランス海軍はアトランチック哨戒機を参加させる予定だった）。

軍は多国籍で行動するとき、一人の指揮官を置き、多国籍タスクフォース（ＴＦ）である第６４０任務部隊（ＴＦ６４０）を編成。各部隊はＴＦの指揮下に入って行動することになる。しかし、海上保安庁は法的に外国の軍隊であるＴＦ傘下に配置することはできないため、今回はＴＦと協力関係という形で作戦が進むことになる。

船舶立入検査を担当する海上保安庁は「しきしま」から乗船する二つのチームを準備した。ひとつのチームは、容疑船の武力の無能化と検査チームの護衛を行なう、特殊警備隊ＳＳＴから分遣隊として派遣されたＳＢＴ（Special Boarding Team）12名。そのうちの2名は容疑船の上空からＳＢＴを警護するスナイパー。もうひとつのチームは容疑品目の検査を行なう部隊。「しきしま」に所属する特警隊からなる法執行調査部隊（ロウ・エンフォースメント・チーム）10名。

まずは、搭載する2機のスーパーピューマにＳＢＴとスナイパーチームをそれぞれ乗せて、容疑船に向かった。ＳＢＴという名称は、この演習の資料でも見受けられるが、海上保安庁の正式な名称ではなく、演習で各国に分かりやすい名称として付けられた臨時の名称と思われる。

●「しきしま」による追跡

オーストラリア沖１４０kmの公海上を航行中の海上保安庁巡視船「しきしま」は、オーストラリア統合情報局（ジョイント・インテリジェンス・サービス）から、大量破壊兵器開発に関わる物資を輸送する容疑のある貨物船ＭＶトーキョー・サマーの情報を受け、直ちに追跡開始した。

「しきしま」は容疑船に追いつき、交信を試みる。ＰＳＩに関わらず、臨検や船舶立入検査を行なう前に重要になるのは容疑船とのイニシャル・コンタクト。相手はこちらが法執行機関であることが判っているので、船長が違反事実を認識していないのであれば、素直に指示に従うこともあるが、違法行為を判っていているならば、無視を続けるのか、攻撃してくるのかの選択肢もありえる。

イニシャル・コンタクトでは、相手と英語で話すことができるか、または英語がネイティブなのかどうか、そして相手の船の大きさや乗組員の数の情報も必要となる。また、交信チャンネルの数、バックアップがあるのかどうかなど、コミュニケーションが途切れないように相手の持っている周波数を確認することも必要となる。また、交信のやりとりで相手の空気を読むことも重要な情報だ。

まずは2機のスーパーピューマにＳＢＴとスナイパーチームをそれぞれ乗せて、容疑船に向かった。このときのＳＳＴの服装は、濃紺のノーメックス・カバーオール、ボディー・アーマー機能のあるライフプリザーバーベスト、88式フリッツタイプ・ヘルメット、ゴーグル、シットハーネス、カラビナ（銀色）、無線機、アメリカ軍などが使うノーメックスのエビエーター用グラブ（OD色）、ニーパット（黒色）、エルボーパット（黒色）などを着用している。

携行する小火器は、メインアームをエイムポイント付き89式自動小銃またはMP－5サブマシンガン。サブアームに拳銃を着装。また、一人はショットガンを携行。拳銃のみを携行している部員もいる。

標識類は、肩にはベロクロがあるが、SSTの部隊章などのパッチ類は外してあり、それ以外にはボディー・アーマーの機能が付いたライフプリザーバー・ベストの前面左胸付近に小さく「海上保安庁」の白文字表記をベロクロ止めで掲示、また背面にはベストの低い位置に「海上保安庁　Japan Coast Guard」の文字を二段で表記している。これもベロクロ止めとなっている。

●容疑船の甲板に降下

容疑船トーキョー・サマーの6時の方向からスーパーピューマは進入し、降下地点のヘリコプター甲板上空でやや右側に機首を振り、ロードマスターが右カードドアからファストロープを投下、すぐさまSST隊員が降下を始める。

最初に降下した隊員はエイムポイント照準器を装着した89式自動小銃を携行。ラペリング時には摩擦から手を守る大き目のラペリング・グラブを装着して降下しているので、着地後、両手を大きく振って、グラブを地面に振り落とす動作を行なう。グラブが外れると直ちに自動小銃の折り畳みストックを開き、船首方向に銃を構える。

２番目に降下した隊員も89式自動小銃を携行。同様にグラブを装着しており、以後、全員が同様に着地後グラブを振り落とす動作を行なう。２番目の隊員は１番目の隊員の背面に付き、想定する敵の位置からの相対する面積を最小限になるように（１番目の隊員を盾とする）位置する。

３番目に降下した隊員は部隊の指揮官（隊長）で、ＭＰ－５を携行。２番目の隊員の背後に付く。続いて降下する４番目の隊員は拳銃のみを携行し、降下後、隊長の後ろに付くと、すぐさまフォーメーションがトレール型からダイヤモンド型に変型し、拳銃の隊員を守るような隊形となる。

５番目の隊員はＭＰ－５を携行し、降下後は４番目の隊員の背後に位置し、後方と左舷側を警戒。６番目から９番目の隊員は全員拳銃のみを携行。それぞれ降下後は、隊形の最後尾に付いて周囲を警戒する（図１）。

最後の隊員はＭＰ－５を携行し、降下後、いったん隊形の最後尾に付き、すぐに安全側である隊形の右舷側を通り、前方に位置する隊長のまで走りより、肩を叩いて、全員の降下が完了したことを伝える（図２）。

今度は、１番から５番目の隊員が下り階段に向かい（図３）、１番目の隊員が89式自動小銃を構えながら前進し、３番目以降の隊員は１番目の隊員に隠れながら階段を下りる（図４）。

この間、６番目から９番目の隊員との間にセパレーションができるが、これはセパレーションによって、相手から攻撃されたときの被害を最小限にとどめる措置と思われる。

ファストロープ降下後のフォーメーション

①

※番号はヘリより降下した順番

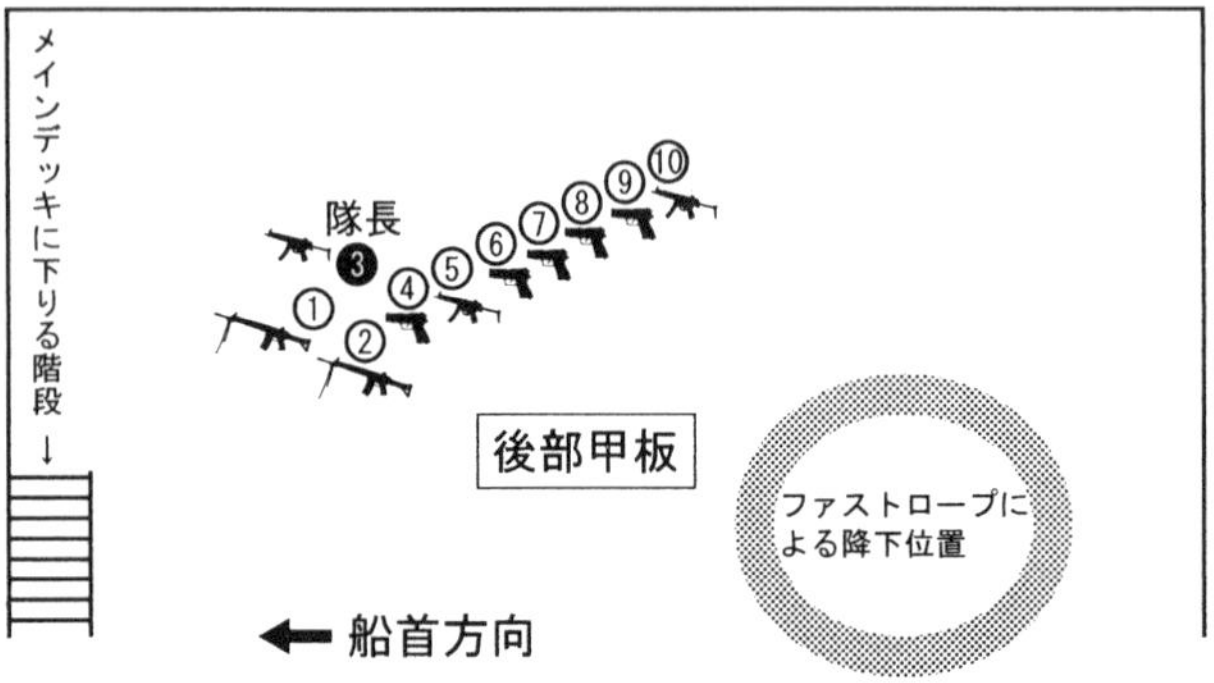

容疑船の後部甲板に全員が降着したときのフォーメーション。

②

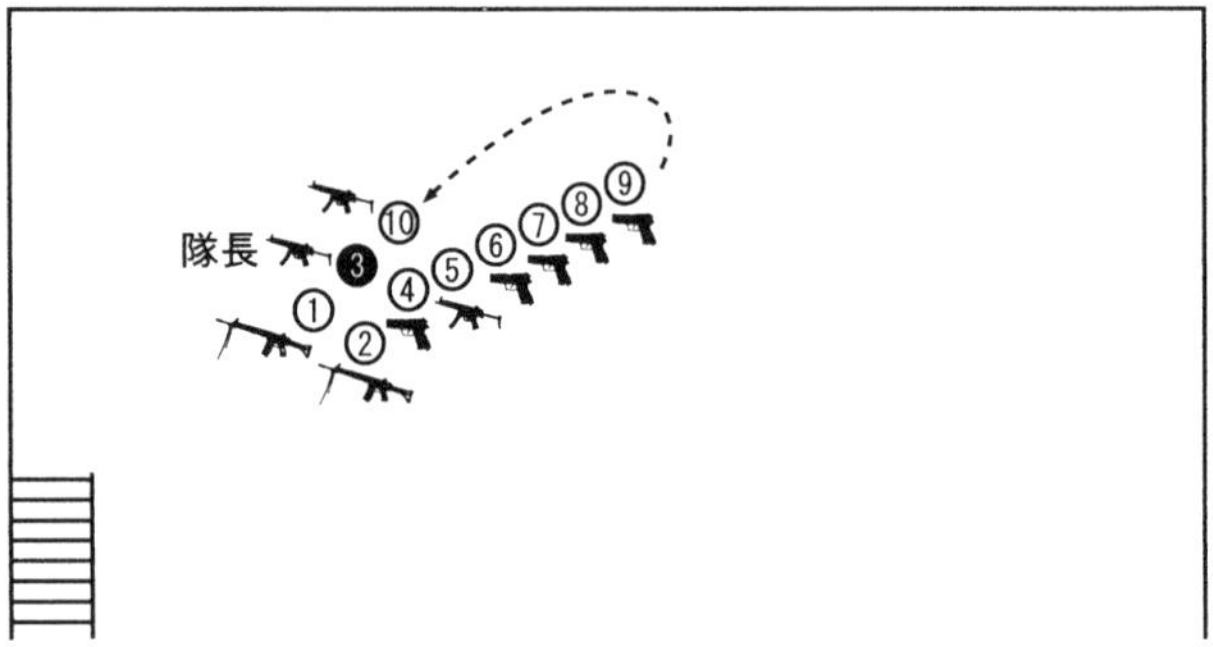

最後に降りた隊員が右舷側を通って前方へ出る。

③

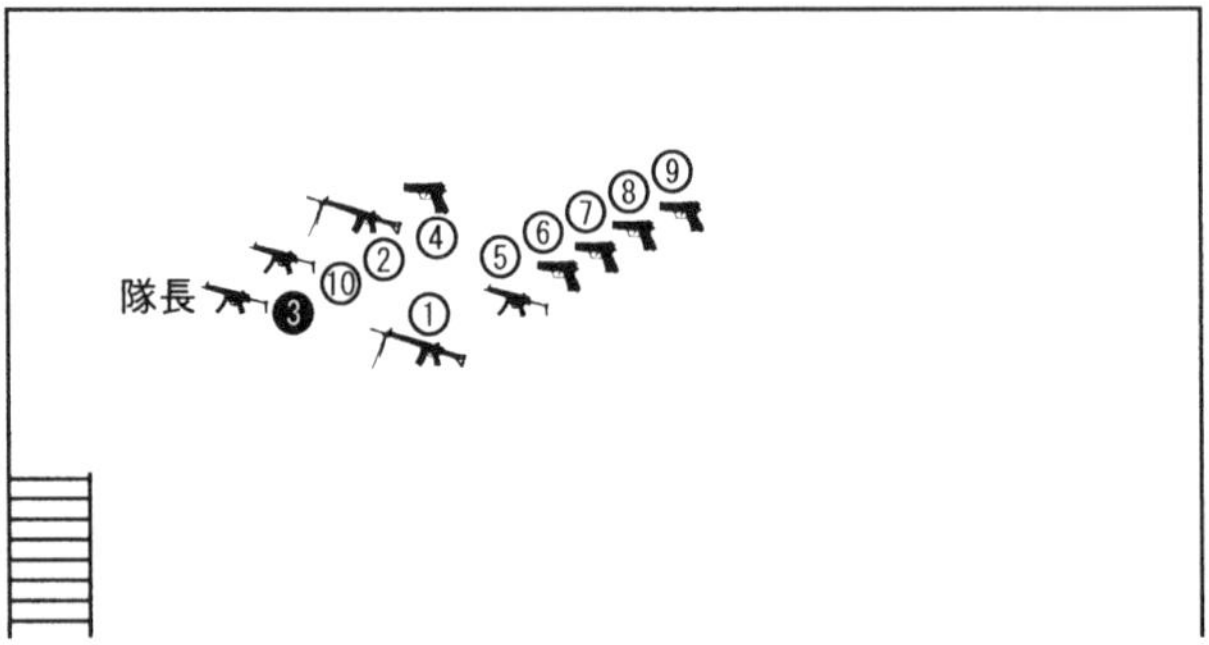

隊長が先頭になり、階段に向かう。

④

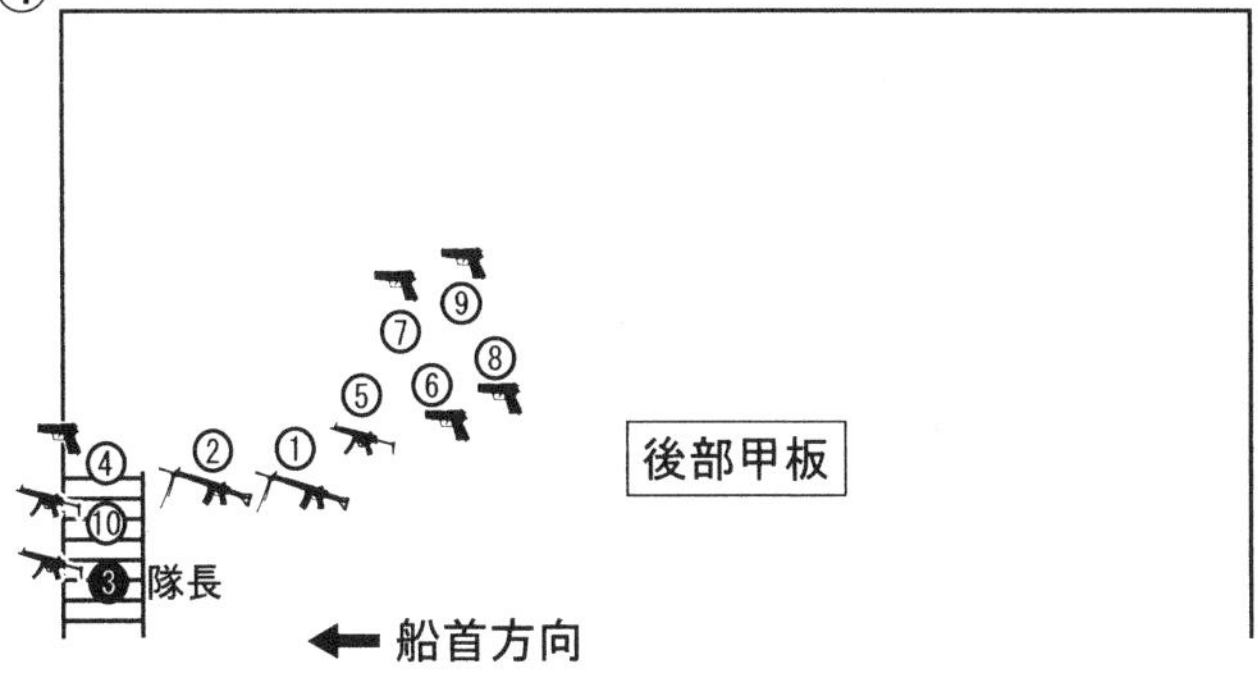

前後に二つのグループができる。

⑤

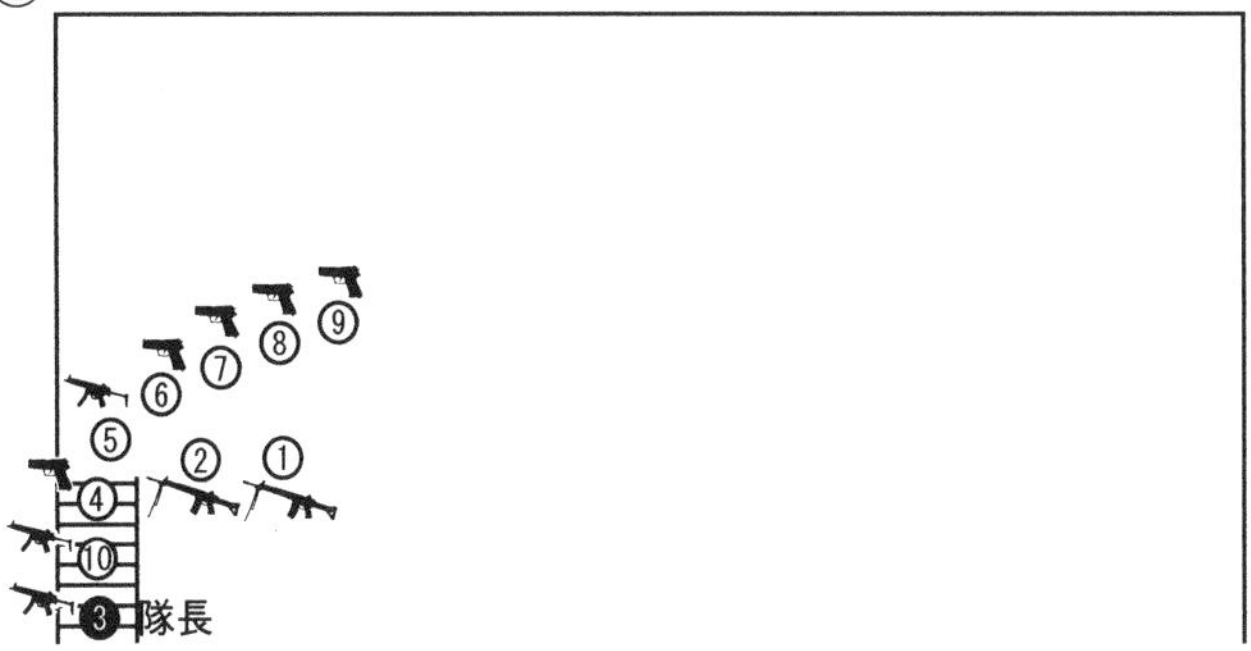

自動小銃の隊員が警戒しながら全員が階段を降りる。

ブリッジへの突入

⑥

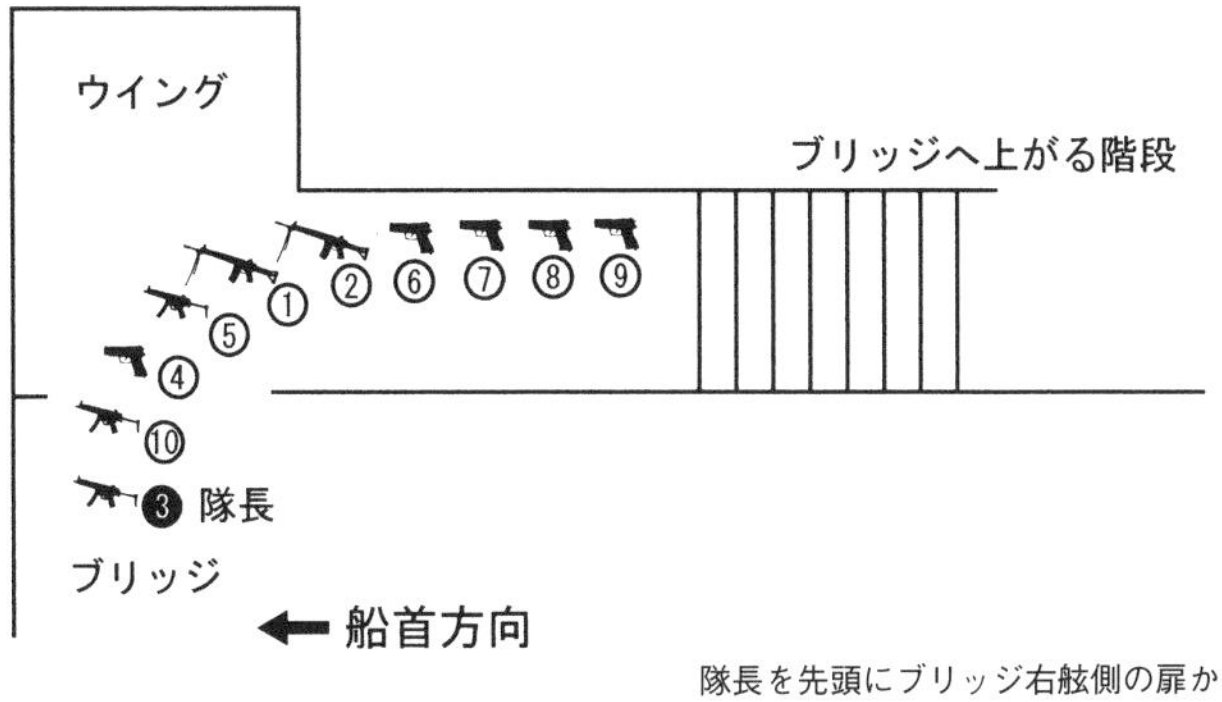

隊長を先頭にブリッジ右舷側の扉から突入。

階段はＭＰ－５を持った隊長が、一番に下り、続いて10番目に降下したＭＰ－５を持った隊員、４番目に降下した拳銃の隊員が降りる。その間に後のグループが階段に接近するため階段の入り口付近は団子状態になるが、左側を89式自動小銃の隊員２名がガードしており、その間に拳銃の隊員が全員階段を降りた。最後に89式自動小銃を持った隊員２名が階段を下りる（図５）。

●船内突入

ブリッジ右舷側に接近したＳＳＴは隊形を整える。突入する順番は、ＭＰ－５（隊長）、ＭＰ－５、拳銃、ＭＰ－５、89式自動小銃、89式自動小銃、拳銃、拳銃、拳銃、拳銃の順番（図６）で、各隊員は「コーストガード！」「コーストガード！」と叫びながらブリッジ右舷ドアから一人ずつ突入した。ブリッジ内の安全が確認できると、全員、銃口を下ろし、整列する。

隊長が船長と握手し、海上保安庁の職員であることを告げ、船長に対して、船内を捜索することと船員の集合を伝える。隊員５名が11名の乗員を連れて甲板へと向かい一列に並ばせ座らせた。全員を左舷側方向に向けさせ、その背後で一人ずつ身体検査を行なう。

検査は拳銃を携行する隊員２名が行ない、１名は検査される乗員の斜め後方で、柔軟に姿勢を変化できるように足をやや開き気味にし、拳銃の銃口を下に向けている。

もう一人の隊員は右手で拳銃を下向きにしながら、左手で背後から乗員の身体を検査する。

このときの89式自動小銃を携行する隊員とＭＰ－５を携行する隊員が１名ずつ横に並んだ乗

ＳＳＴを海上の「しきしま」搭載艇３号艇から支援する特警隊員。12.7mm 機関砲が備わっている。

員の斜め前方にそれぞれ位置し、乗員が不穏な行動を起さないか見張っている。なお、銃口は常に下に向けている。

このとき、ブリッジ内のＳＳＴ隊員は隊長を含む３名、甲板とブリッジの間のウイング付近に１名、乗員を並べた甲板に４名、残りの２名は、法執行調査部隊を乗せた「しきしま」搭載艇が接舷する船尾のクォーターデッキに向かっている。

クォーターデッキに２名が到着した頃、ヘリコプター甲板にスーパーピューマが接近し、２名のＳＳＴ隊員をラペリングで降下させる。この２名の隊員はＢＣ対処を担当する隊員で、ＢＣ対処装備を携行して降下した。

アメリカ海軍駆逐艦カーチスウィルバーからはアメリカ沿岸警備隊ＴＡＣＬＥＴ第11分遣隊（ＬＥＤＥＴ11）が搭載艇のＲＨＩＢに乗って、クォーターデッキに接近。２名のＳＳＴ隊員が手を貸しながら、８名のＬＥＤＥＴ11隊員、１

名のフランス海軍軍人、2名のオーストラリア海軍軍人がＲＨＩＢから容疑船に乗り込んだ。続いて「しきしま」搭載艇から検査を担当する特警隊隊員が10名乗り込んだ。

ＬＥＤＥＴ11の服装は、半そでの紺色カバーオール、サイホルスターにはガバメントらしき拳銃を装着するも手にすることはなかった。ボールキャップやヘルメットも着用しておらず、また、ライフプリザーバーはボーディング後外した。

また特警隊は特警隊の標準的な装備だが、小火器は携行しておらず、その代わり、検査などに使う装備やビデオカメラを携行。ＳＳＴ隊員と異なり、ヘルメットや肩部に日の丸を付けている。

特警隊はブリッジに到着後、船長とチーフ・オフィサーを尋問し、マニュフェスト（積載品目録）や船内の見取り図の提出を求める。特警隊の指揮官はＳＳＴの警護とＬＥＤＥＴ11の支援を伴った捜索班を2班（アルファとブラボー）を編成し、カーゴデッキに向かわせる。

カーゴデッキ入り口から、ＳＳＴ隊長と拳銃を携行する隊員が奥へ進み、積荷と壁の隙間の前後を、89式自動小銃を持った隊員2名がバック・トゥ・バックのフォーメーションで警戒、全体が見える位置に拳銃を携行するもう1名の隊員が警戒する。「クリアー！」の掛け声で銃口を下ろし、特警隊とＬＥＤＥＴが協力して、容疑物質の捜索を開始。隊長は随時、無線で各部隊と無線連絡し、カーゴデッキの外側の状況を把握する。隊員が不審なドラム缶を発見し、隊長がシュアファイアで照らしてドラム缶を目視でチェックし、立入検査班（ＢＣ防護服を着用したＳＳＴ隊員）を呼ぶ。

2名の立入検査班はライトが付いたフルフェイスの化学防護ヘルメットと濃紺の化学防護服

ブリッジ突入後、船長を甲板に連れ出す、ＳＳＴ隊員。

を着用し、ＡＰ２Ｃ化学検知器とガス検知器で気体を採取するなどして容疑物質の検査を行なう。その間、他の特警隊隊員は残りのカーゴデッキを検査した。
容疑船が大量破壊兵器関連物質を輸送している疑いが高まり、各国艦艇は、容疑船を最寄りの港であるブリズベン港まで誘導した。
最近のＰＳＩ海上阻止演習では容疑者の拘束や、陸上での検査なども行なわれるが、パシフィック・プロテクター03は初めてのＰＳＩ演習とあって、複雑なシナリオは設定できないため、演習シナリオは容疑船を港に誘導するところで終了した。

訓練終了後、オートラリア海軍フリゲイト・メルボルン艦上でロバート・ヒル国防大臣（当時）は訓練の成功を伝え、特に海上保安庁の動きを称えていた。国防相は部隊には同行せず、終始フリゲイトから見学していたが、訓練の様子は無線で随時伝えられていたという。記者会見で国防相が海上保安庁の活躍を発言したため か、記者会見終了後、メディア各社は容疑船内でビデオを回したオーストラリア海軍のカメラマンのビデオをモニターで確認し、海上保安庁の動きに目を追った。

SSTのボーディング時のフォーメーションがわずかな隙もなく、安全に配慮されていたことや、容疑船の乗員で容疑をかけられる役のアメリカ海軍軍人がヘラヘラ笑っているにも関わらず、SST隊員は動揺せず真剣に訓練に取り組んでいたこと、SSTが不必要に銃を上げず、終始銃口を下に向け、高圧的な態度をとっていないことなどに感動していた。各国の記者らはビデオを見ながら「マチュア（大人の態度の）」「ジェントル（紳士的な）」と何度も口にしていた。

第15章
テロ対策のビークル

柿谷哲也

世界最大の巡視船「しきしま」。ヨーロッパまで無給油で航海する能力がある。

●世界最大の巡視船「しきしま」

日本政府とアメリカ政府は、1992年に行なわれるフランスから日本までのプルトニウム輸送を輸送船による海上輸送にすることを「日米原子力協定の取り決め」により決定した。取り決めには船舶による護衛が含まれていた。しかし、合意事項には護衛を担当する機関が海上自衛隊なのか海上保安庁なのか明記されておらず、日本政府に一任。海上自衛隊の護衛艦か海上保安庁の巡視船なのかは国会内でも大きく取り上げられ議論となったが、自衛隊の海外派遣に慎重だった背景もあり、海上保安庁が担当することになった。

この決定を受け、平成2年度予算のうち、約203億円をかけて新型の大型巡視船を建造することになり、IHI東京工場で新型巡視船「しきしま」の建造がはじまった。

1991年6月27日に進水し、1992年4月8日に竣工。1992年末の輸送任務に合わせてわずか2年余りの短期間で建造できた。建造は1隻のみで、いまのところ同型船はない。

船体はこれまでの巡視船と異なり強固な設計で区画を多くした軍艦型の構造をしており、砲撃やミサイルによって被弾しても、客船構造の巡視船よりは強固な構造になっている。排水量は巡視船としては世界最大の6，500トン、全長は150mある。

海上保安庁の巡視船としては唯一対空レーダーOPS－14を装備しており、上空から接近する不審な航空機の監視が可能になるほか、飛行する搭載ヘリコプターの正確な位置情報を知ることができる。

搭載するヘリコプターはAS332L1スーパー・ピューマを2機搭載する。武装は35mm連

ＰＬＨ型巡視船「しきしま」はテロ対策などの警備で船隊の指揮船となる。

装機関砲2門と20㎜機関砲2門を搭載。

就役から現在までに、一般公開されたことはなく、唯一1993年に1度だけメディアに限定的ながら公開された。船内の多くの部分が謎に包まれており、ブリッジには複数の巡視船艇からなる船隊の司令部となる作戦指揮所（ＯＩＣ）があり、対空レーダーの表示装置や、各部隊との通信を行なうコンソールが並ぶとされ、船内中央にはＳＳＴが制圧訓練を行なう区画や作戦会議を行なう部屋もあるとされる。

ディーゼルエンジン4基を搭載して、2軸でプロペラを回す。約2万マイルを無給油で航行でき、プルトニウム輸送船の警護任務ではシェルプール沖でフランス海軍から引き継ぎ、アフリカ喜望峰、タスマン海、南太平洋を経て1月5日茨城県東海村の東海港に無事到着。59日と8時間を無寄港で警備した輝かしい記録を残した。

能登半島沖不審船事案の海上自衛隊との共同

行動の問題を受けて、1999年10月7日には海上自衛隊と海上保安庁が初めての合同射撃訓練を行ない、この訓練に「しきしま」が参加した。

この訓練は房総半島沖の海上自衛隊の廃船に対して、約1時間「しきしま」の35㎜砲と「あしたか」の40㎜機関砲など搭載火力を使って射撃している。

●12・7㎜機銃装備の銃武装搭載艇

「しきしま」に搭載される搭載艇は2艇の救命艇と2艇の高速警備救難艇。この高速警備救難艇は、他の巡視船に搭載されている警備救難艇と異なり、船体が金属製で対波性が高まっている。搭載艇番号PLH31―M3は12・7㎜(13㎜)機関銃を回転式の銃座に固定することができ、ボーディング・チームが船舶立ち入り検査などで該船に移乗するときの警戒監視を行なう。

各国の水上艦に搭載されているRHIBや港湾警備で使われる警備艇、哨戒艇では搭載武器に5・56㎜MINIMI機関銃がメイン武器となり、12・7㎜を搭載している例はほとんどない。「しきしま」搭載艇1艇で、小型巡視艇並みの警備能力があることになる。ただし、該船が木造船や小型の漁船などでは、12・7㎜の銃弾では一掃射撃で船体が航行不能になるほど大きなダメージを与えることになるため、搭載艇に機関銃が装備されるのは、相手が大型の船舶の時だけになると思われる。

操縦室の屋根部は上部に開くことによって2枚の防弾板の役割になり、各防弾番に2個ずつ、

「しきしま」搭載の高速警備救難艇。12.7㎜機関銃が回転式銃座に備わる。

計4か所の銃眼が付いている。もう1隻の搭載艇PLH31－M4は固定武装がなく、ボーディング・チーム輸送用に使用している。人員の搭載能力は不明だが、十数名を乗せられるだけの座席があるようだ。両方とも諸元などはいっさい公表されておらず、また同型艇もない。

●SSTの前線基地となる巡視船「ひだ」型

2006年に新しく配備された「ひだ」型ヘリ甲板付高速大型巡視船も、テロ対策の能力を持つ新しいコンセプトの巡視船。公称2000トン型だが実際の総トン数は1800トン。全長は95mあり、4基のディーゼルと4基のウォータージェットにより30ノット以上の高速を出せる。

搭載火器は40㎜単装砲と20㎜多銃身機銃を各1基。「ひだ」型巡視船の搭載火器の特徴は遠隔で正確な射撃が可能なＦＣＳ射撃管制システムが搭載されており、全天候下で目標とする船体に命中させることができる。また、警告射撃として上空や海面への射撃も正確な位置に射撃できる。

「ひだ」型の目的とするところは、工作船事案や大量破壊兵器関連物質輸送の容疑船などに対する迅速な取り締まりである。容疑船を高速で追跡し、そして陸上基地からＳＳＴを乗せたヘリコプターが合流、ＳＳＴは「ひだ」をベースにし、最終的なボーディングのために待機できるような運用を目的としている。

「ひだ」型にはヘリコプター格納庫はないが、広いヘリコプター甲板にＡＳ３３２スーパー・ピューマ中型ヘリコプターやＥＣ２２５中型ヘリコプターの運用が可能だ。

ヘリコプターを係留する装備、燃料を補給する装備、そして航空要員のためのレディ・ルームも備わり、ボーディング作戦を待つことになる。このヘリコプターの運用能力が、これまでの高速巡視船艇にはなかった装備であり、容疑船へのボーディング作戦に幅広い戦術を可能にするのである。

そしてボーディングを行なうＳＳＴにとっては、「ひだ」型は洋上基地としての機能がある。大阪特殊基地からの長い移動の間の戦局の推移を再確認し、容疑船の情報収集を画像や目視で行ない、最終的なボーディングへの作戦調整を行なう重要な洋上基地となるのである。「しきしま」同様に船内は公開されていない。

新しく導入が始まったPL型巡視船「ひだ」現在３隻が就役している。

●海保唯一の警備専用艇「はやて」型

ＳＳＴの前身である関西国際空港海上警備隊（海警隊）時代の１９９７年12月21日、大阪特殊警備基地に警備艇専用桟橋を設け、この桟橋に2隻の「はやて」型警備艇「はやて」ＧＳ０1と「いなづま」ＧＳ０２を配備した。現在は第5管区関西空港海上警備救難部の所属になっている。

横浜ヨット製の全長11・９m、排水量７・９トン、軽合金の船体で、２９０馬力ディーゼル2基のエンジンを搭載、速力30ノットの速力を出せる。８名を乗せることができ、空港周辺の警備を目的としており、また、特殊部隊が小型船の移乗訓練や制圧訓練、潜水訓練のベースなどに使用しているとされる。

救難業務は本艇の本来任務には含まれていない。そのため、海上保安庁の保有する船艇の中では唯一「警備艇」という分類になっている。

なお、海上保安庁にはもう1隻、「小型高速警備艇」と呼ばれる「警備艇」を第9管区上越海上保安署管内の柏崎刈羽原子力発電所専用港に配備している。船名、番号、その他諸元、外観の姿などすべてが発表されていない極秘の警備艇である。

●ボーディングの標準装備RHIB

「しきしま」型を除く大型・中型巡視船など多くのタイプの巡視船にはRHIBと呼ばれる搭載艇が2艇から4艇搭載され、RHIBを使ってデモ隊に対する海上警備や救助活動、船舶立ち入り検査などに使用している。

RHIBはリッジト・ハル・インフレータブル・ボートの意味で、アルミ合金のV字型船底と床面の周囲にブイヤンシー・チューブと呼ばれる硬質ゴムで囲まれたボート。複合艇とも呼ばれている。

ボーディング・チームが容疑船などに移譲する際はブイヤンシー・チューブをぶつけて接舷するためにボートにダメージを与えずに乗り込むことができる。チューブは複数の気室があるので、相手から銃で撃たれても沈むことはない。

各メーカーが販売するRHIBはエンジンを艇内に設置するインアウト方式と外側に取り付ける船外機方式があり、海上保安庁のRHIBはすべて船外機方式を採用。船外機を1基搭載するタイプと2基搭載するタイプがあり、搭載するエンジンの種類や数によって速力は異なるが、おおむね速力30ノット以上は出すことができる。

多くの巡視船に搭載される、搭載艇ＲＨＩＢ。

海上保安庁は初期の採用に国産のアキレス社製を搭載していたが、後の採用はほとんどがエイボン社製となっている。また一部の巡視船に搭載されているＲＨＩＢには転覆防止用のブイをフレームマストの上に載せているタイプもある。

●「しきしま」と羽田に配備されているＡＳ３３２

１９９１年に巡視船「しきしま」の搭載用に２機のアエロスパシアル（現ユーロコプター）ＡＳ３３２Ｌ１スーパー・ピューマを導入。アエロスパシアル社のスーパー・ピューマ・シリーズには、ＡＳ５３２と呼ばれる軍用仕様があり、海上保安庁が導入した２機のＡＳ３３２Ｌ１はＡＳ５３２の陸上輸送型に装備される防弾装置、艦載型に装備する折り畳み式ローター機構が備わっており、民間仕様のＡＳ３３２Ｌ１

4機が配備されているＡＳ 332 Ｌ１中型ヘリコプター。

とは異なる。

１９９７年には羽田航空基地に新たにＡＳ３３２Ｌ１が２機配備されており、この２機はローター折り畳み機構はあるものの、防弾仕様になっていない。

羽田航空基地に配備されたＡＳ３３２Ｌ１は特殊救難隊が長時間の救助活動を可能なように防弾装置を外し、その分多くの燃料を搭載できるようにしたためである。

海上保安庁のＡＳ３３２Ｌ１はサーチライト、赤外線暗視及び可視光のカメラ、ホイストが備わる。エンジンはタービン双発、最大速力は時速２７８㎞、クルー３名の他18名が搭乗できる。

●ＳＳＴ専用機となるＥＣ２２５

平成17年度計画で新型中型ヘリコプターが検討され、ユーロコプターＥＣ２２５ＬＰ中型ヘリコプターを２機決定した。この機種選定には

2008年から２機導入されたＥＣ225ＬＰ中型ヘリコプター。

ＥＨ－１０１やＮＨ90、Ｓ－92などが候補に上がり、ＥＣ２２５はその中から選ばれた。２００８年に関西空港海上保安航空基地に配備された。

海難救助など任務もあるが、導入の背景は奄美沖不審船事案で特殊部隊のヘリコプター運用に柔軟さが欠けていた問題を直す必要があり、専用に使えるヘリコプターを導入する必要があったからといわれる。

ＥＣ２２５ＬＰはこれまで配備されていたＡＳ３３２Ｌ１の発展型であり、サイズはＡＳ３３２Ｌ１とほぼ同じだが、エンジンが強化されているために出力や速度の面でＥＣ２２５は優れ、海上保安庁の装備するヘリコプターの中では最も高性能である。

機外にはサーチライトＳＸ－16、赤外線暗視及び可視光のカメラ Star ＳＡＦＩＲＥⅢ、機体右側に備わるホイストは海上保安庁で初めて２個を装備するダブル・ホイストを採用している。

機体左側スライドドアの上方にはラペリング用のロープの支点となるラペリングバーと呼ばれるフレームが備わった。ラペリングバーには3か所のフック型の支点があり、スタティック・ロープやファスト・ロープを取り付けることができる。

なお、ラペリング用の支点は機体左側スライドドアに近い床面にもあるので、左右3名合わせて6名同時のラペリング降下が可能。エンジンはタービン双発、最大速力は時速290㎞、クルー3名の他18名が搭乗できる。

既存機の発達型であるEC225を採用したのは、既存の乗員教育システムや既存の規格化された整備性、部品管理方法などにメリットがあり、また、SSTの隊員にとっても慣れた機体のシリーズのほうが扱いやすいということもあるといえる。

●陸上配備型の高速ヘリコプターS－76

シコルスキーS－76Cは第1管区と第9管区などの陸上配備ベル212中型ヘリコプターの後継機として配備され、現在4機が使われている（過去に2機が墜落して登録を抹消している）。ベル212より時速50㎞も早い最大速度時速287㎞で飛行でき、2008年のEC225LP導入までは海上保安庁で最も速いヘリコプターだった。低水温の海難救助で一刻も早い救助が必要なための機種選定であったといえる。

同時にテロ対策や特殊部隊の輸送にも高速性が活かされる。特に北朝鮮の工作船が出没する

4機が配備されたS－76C中型ヘリコプター。

可能性が高い日本海では警戒監視などに高速性能が期待できる。

エンジンはタービン双発、最大速力は時速287km、クルー3名の他10名が搭乗できる。

●海上保安庁の主力ヘリコプター・ベル212

海上保安庁の主力ヘリコプターは、全国の航空基地と「しきしま」を除くヘリコプター搭載型巡視船に搭載するベル212中型ヘリコプター。21機を装備する。

世界各国の軍隊で使われているUH－1シリーズの双発型UH－1Nを民間用の規格にしたタイプ。駆動系、操縦系、すべてに信頼性があり、多目的に使えるヘリコプターとして世界中から定評がある。

海上保安庁では老朽化からS－76Cとベル212の発展型ベル412に機種変更が進んでい

21機が配備中のベル212中型ヘリコプター。

る。これまで海上保安庁が経験した特殊警備事案にも多くがベル212を使用しており、実績がある。

エンジンはタービン双発、最大速力は時速240km、クルー3名の他10名が搭乗できる。

著者紹介

柿谷哲也（かきたに　てつや）
1966年神奈川県横浜市生まれ。日本フライングサービス、共立航空撮影を経て、97年から軍事・安全保障専門のフリーランス・フォト・ジャーナリスト。自衛隊をはじめ、各国軍など取材を続けている。航空写真家協会会員、航空ジャーナリスト協会会員。ディフェンス・インターナショナル誌特派員。近著に「みんなが知りたい！イージス艦のヒミツ80」（イカロス出版）などがある。

菊池雅之（きくち　まさゆき）
1975年東京生まれ。講談社フライデー編集部契約カメラマンを経てフリーフォトジャーナリストとなる。各国の軍事情勢をテーマに世界中を飛び回る。最近は危機管理をテーマに警察・海保・消防などの取材も精力的に行なっている。主な著書「試練と感動の遠洋練習航海」（かや書房）「がんばれ女性自衛官」「わかりやすい艦艇の基礎知識」「かっこいいぞパトカー」（イカロス出版）、共著に「みんなが知りたい！イージス艦のヒミツ80」「イージス艦入門」「潜水艦入門」（イカロス出版）「自衛隊イラク派遣の真実」「軍事ジャーナリストが追跡する自衛隊最前線」（三修社）他多数

[参考資料]

警察庁ホームページ
海上保安白書等政府刊行物及びホームページ
コンバット・マガジン各号（ワールド・フォトプレス）
SATマガジン各号（かまど出版）
J-Ships各号（イカロス出版）
J-Rescue各号（イカロス出版）

最新
日本の対テロ特殊部隊

2008年11月15日 第1刷発行

著者　菊池雅之　柿谷哲也
企画　成瀬雅彰
発行者　前田俊秀
発行所　アリアドネ企画
発売所　株式会社三修社
〒150-0001　東京都渋谷区神宮前2-2-22
TEL03-3405-4511　FAX03-3405-4522
振替　00190-9-72758
http://www.sanshusha.co.jp
編集担当　北村英治
印刷・製本　萩原印刷株式会社

ISBN978-4-384-04225-2 C0031